絶対合格！

運転免許 認知機能検査対策 「運転脳」活性化ドリル

右脳開発トレーナー 児玉 光雄

秀和システム

高齢ドライバーなら知っておきたい

認知機能検査に絶対に合格するには!?

それじゃ**脳のトレーニング**をやってみたら！
脳トレかぁ！
確かに毎日トレーニングしたら、かなり自信がつくかもな！

でも、よくある脳トレ本でいいのかしら？
それもそうだよなぁ。検査と脳のボケの両方の対策になる本じゃなければ意味ないよなぁ！

認知機能検査について教習所の教官をしている親戚の健太さんに聞いてみたら！

安全な運転のために
不可欠な脳の
働きのことで、
この6つがそうです！

記憶力
認知したものを一定時間
記憶として保持する能力

注意力
車の周辺に対し
常に注意を払う能力

空間認識力
車間距離を
正確に把握する能力

予測力
さまざまな事態を
予測する能力

俊敏力
突然の出来事に
素早く対処する能力

感情抑止力
冷静さを維持して
運転する能力

テスト1

手がかり再生

16枚の絵を覚えて、その名称を記入します。

検査の目的

少し前に記憶したものを思い出せるか調べます。

テスト2

時間の見当識（けんとうしき）

検査当日の年月日、曜日、時間などを記入します。

検査の目的

「日時」を正しく認識する力に問題がないか調べます。

2つのテストを
何分ぐらいで
やるの？
約30分ですね
その結果から、
認知症の
おそれが
あるかないかの
2つの段階に
分類します！

もし認知症の
おそれがあると
判断されたら？

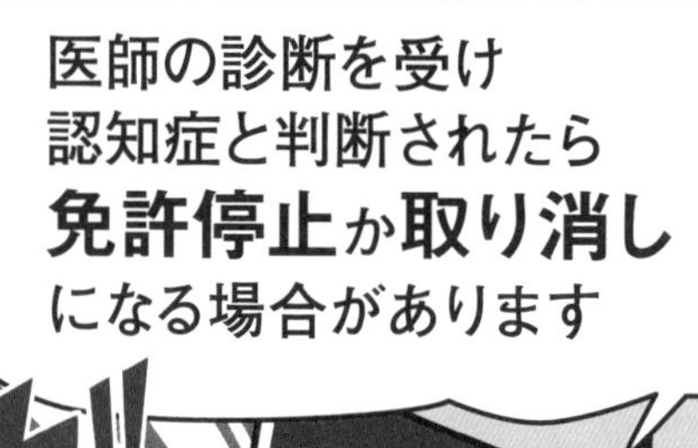
医師の診断を受け
認知症と判断されたら
免許停止か取り消し
になる場合があります

ガーン

それまでに脳を活性化し、
検査に慣れておけば、
大丈夫だと思いますよ！

わかりました！

高齢者講習は教習所で
受講するだけだから、
不合格にはならないよな？
高齢者講習は講義と
運転適性検査、
実車指導だけなので
大丈夫です！
あと前回の免許更新以降、
大きな違反行為は
してませんよね？

無事故無違反で
運転し続けてるよ！

それなら運転技能検査は
免除されますね。
認知機能検査に
全力を注ぎましょう！

よし、運転免許更新まで
あと2カ月、
全力で運転脳を鍛えて、
認知機能検査の合格
を目指すぞ！

目次

※本書は認知症に関する診断書などを提出せず、受検によって免許更新すること目的に制作しています。

第1章

脳の老いと交通事故の関係

脳の老いと交通事故の関係

脳や身体機能は歳とともに衰え、ときに交通事故の原因となります。まずはこの関係性について学びましょう。

◉高齢者ドライバーに必要な能力について

車の運転中には、信号機、道路標識、歩行者、ほかの車など、さまざまな視覚情報を正しくキャッチする能力が求められます。視機能にはさまざまな種類がありますが、特に動体視力（どうたいしりょく）と周辺視力（しゅうへんしりょく）は、運転においてとても重

車の運転に不可欠な動体視力と周辺視力とは？

私たちが通常、視力と表現しているのは静止視野です。しかし、車の運転で特に必要なのは、動体視力と周辺視力です。

まず動体視力とは、動いている対象物を見るときの視力です。下の写真のように動いているものを見ることにより、その対象物はボヤケて見えるようになります。一般的には、動体視力はピークとなる20歳前後に0.8あったものが徐々に衰え始め、40代からは急激に低下していく、と言われています。そして70歳以上の人の動体視力は加齢によって眼球を動かす筋肉の反応が衰えるため、0.1前後まで低下しているという

要な視機能です（囲み参照）。これらの視機能が低下すると、適切な判断・対応ができなくなることがあります。普段からこれらの視機能に敏感になってください。

また、車を運転するには、**体力**も必要です。体力や**筋力**が低下すると、正確なハンドリングやアクセル、ブレーキの操作が難しくなります。普段から適度な強度の運動を積極的に行い、体力や筋力の低下防止に努めてください。

さらに予測していない事態が起きたときには、とっさに判断を下して安全な行動をとることが求められます。**判断力**が低下すると、不測の事態への対応が遅れ、重大事故につながる可能性があります。だから、高齢者の方々ほど普段から頭と身体を積極的に使うことが求められるのです。

報告もあります。

動体視力が低下すると距離感覚が鈍くなり、車間距離が取りにくくなったり、追突事故を起こす確率が高くなるため、注意が必要です。

次に周辺視力ですが、車を運転するときにはこの周辺視力への意識がとても大切です。視野角は一般的な成人で約200度と言われますが、高齢者では約160度まで狭くなります。視野角が狭くなると、側道から飛びだしてくる車や子供への注意力が低下します。視野角の中にあっても意識がゆき届かないこともあり、認識しづらくなると言われています。

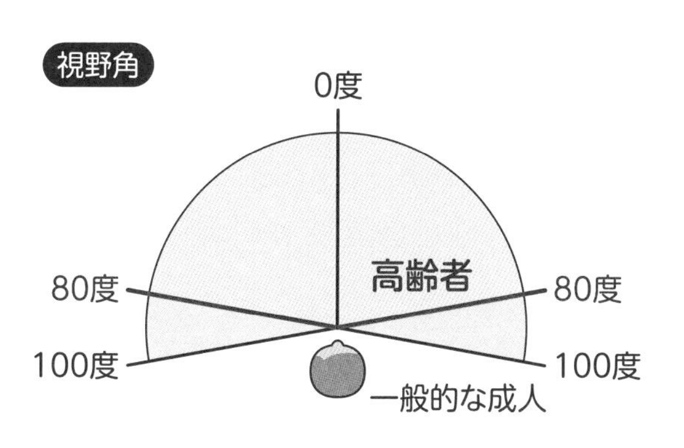

脳の６つの能力を理解する

脳はさまざまな能力をもちますが、ここでは安全な運転を続けるのに特に重要な脳の６つの能力について解説します。

記憶力

認知したものを一定時間記憶として保持する能力です。特に高齢者の方々は短期記憶の衰えが顕著です。走行中の道路の「法定速度」や「道路標識」といった情報を正しく記憶しておくことは安全に運転するうえでとても大切なのです。

注意力

運転中にはなにが起こるかわかりません。ほんの数秒間の前方不注意で大きな事故につながることもめずらしくないのです。また信号のない交差点に差しかかったとき、どちらが優先道路であるかにも注意を払う必要があります。

空間認識力

交通事故を防止するうえで車間距離を正確に把握することは、事故防止においてとても大切な要素です。あるいは細い道を運転するときにこの能力が欠けていると、脱輪を起こす危険性もあるのです。

予測力

これは「注意力」と深い関係のある、先を読む能力です。特に住宅密集地では、いつ子どもや自転車が飛びだしてくるかわかりません。そういう事態をあらかじめ予測して慎重な運転をすることが高齢者には求められるのです。

俊敏力

運転中に起きる突然の出来事に素早く対処するために、あなたの反応速度の速さが求められます。運転中は常に集中力を切らさず、なにか起こったときには、素早く、しかも正しい決断することが高齢者には求められるのです。

感情抑止力

運転中には、渋滞に巻き込まれたり、道に迷ったりと、イライラすることがひんぱんに起こります。当然のことながら、そんなときに、交通事故を起こす確率は増えるのです。冷静さを維持して運転することが高齢者には求められるのです。

脳の能力のうち、車の安全運転に大きく関わるのはこの6つです。この6つの能力を鍛え続けることが、事故を起こさないための鍵となります。

◉脳の機能向上の重要性について

高齢者の方々にとって、脳の訓練を怠ると、老化は加速度的に進行します。運転免許の更新時期にだけ訓練（検査対策）するのではなく、第４章で用意したバラエティあふれる問題を毎日少しでもよいので根気よく解く習慣を身につけてください。そうすることにより、脳全体の活性化が図られ、さきほど述べた運転に関連性のあるさまざまな能力の向上が期待できます。

もちろん、これらの問題を解く習慣が、高齢者の方々の事故防止に大きく貢献してくれることは言うまでもありません。

認知機能検査が初めての方は、第２章と第３章を読んでから、第４章の問題を解いていきましょう。検査が２回目でよくわかっている方は、第４章の問題に取りかかっていただいてかまいません。

第2章

認知機能検査が必要なワケ

なぜ認知機能検査が必要なのか

認知機能検査が導入されたのは、平成29 (2017) 年のこと。その経緯について解説します。

◉高齢ドライバーによる事故の割合が大幅に減少！

平成16 (2004) 年に95万2,720件という最悪の数字を記録した交通事故発生件数も、令和3 (2021) 年には30万5,196件と3分の1近くにまで減少しました。交通事故死者数も、昭和45 (1970) 年には1万6,765人にのぼりましたが、令和3年には2,636人にまで減少しています。

一方で高齢ドライバーによる交通事故の割合は、年々増え続けていました。これをなんとか防ごうと導入されたのが、認知機能検査なのです。グラフを見るとわかるとおり、認知機能検査が導入した2年後から、高齢ドライバーの割合が減少に転じ、令和4 (2022) 年には平成25 (2013) 年とほぼ同じ割合になっています。

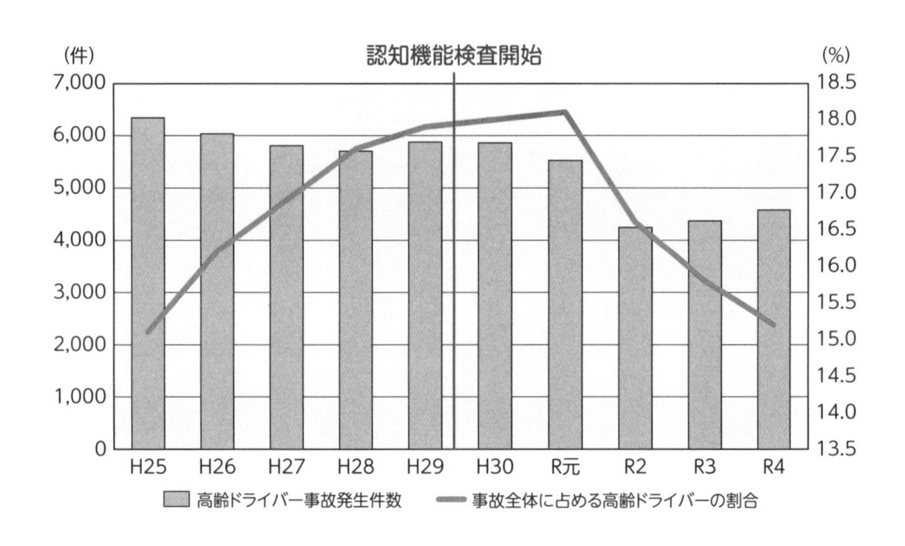

年齢とともに増加する三大事故とは

高齢になると注意力や判断力が低下し、これにともない事故を起こしやすくなります。どんな場面で、高齢者の事故が起こりがちなのか知っておきましょう。

第1位　駐車場などでのバック時の事故

駐車場の中で起こる事故のうち、約8割がバック時に起こっています。事故発生率は、40～50代に比べると約2倍も高くなっています。

第2位　交差点などでの右折時の事故

右折時の事故は8割が対向車以外との衝突、接触です。対向車に気をとられ、横断歩道の歩行者や自転車との接触事故を起こしてしまうケースが多いのです。

第3位　直進時の出合い頭の事故

交差点で最も多い事故は出合い頭の事故です。安全確認が不十分なことが原因ですが、「車や自転車は出てこないだろう」という思い込みや油断も大きな要因です。

認知機能検査の流れを知ろう

75歳以上の方が運転免許を更新するには、認知機能検査を必ず受けなければなりません。まずはその流れを解説しましょう。

図1 運転免許更新時の認知機能検査の流れ

75歳以上

過去3年間に
一定の違反行為なし
①＋②を
受検・受講

①認知機能検査を
受検
(1,050円)

認知症の
おそれなし

認知症の
おそれあり

合格

過去3年間に
一定の違反行為
(P.28～30) あり
①＋②＋③を
受検・受講

③運転技能検査を
受検 (3,550円)
※繰り返し受検可

①認知機能検査と②高齢者講習は、どちらを先に受けてもかまいません。
③運転技能検査の対象となった方も、①や②から受けることはできますが、③では不合格になることもありえるので、先に③に合格してから①や②に進むことをお勧めします。

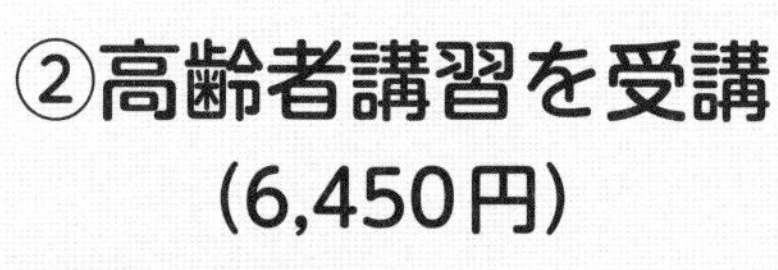

②高齢者講習を受講
(6,450円)
- 講義(座学)
  ＋運転適性検査(約1時間)
- 実車指導(約1時間)

→ **運転免許更新(2,500円)**

認知症でない ↑

医師または主治医などの診断書 → 認知症と診断 → **運転免許停止または取り消し**

更新期間終了までに合格せず → **運転免許更新せず**

違反行為をした場合の運転技能検査の流れ

75歳以上で「一定の違反行為」をすると「運転技能検査」を受けなければなりません。一定の違反行為については28ページで解説してあります。

図2 運転技能検査の流れ

③運転技能検査

教習所または運転免許センターで
車を走らせて受検

↓

100点満点からの減点方式で採点を行う

- 速度超過　－10点
- 一時不停止　－20点（大）、－10点（小）
- 脱輪　－20点
- 信号無視　－40点（大）、－10点（小）
- 逆走（右側通行）　－40点（大）、－10点（小）　など運転技能検査は最寄りの運転免許センターや教習所などで受検できます。「一定の違反行為」をしていない方は受検する必要はありません。

合格
(70点以上)

①認知機能検査と
②高齢者講習へ

大きな信号無視や逆走は一発で不合格

不合格
(70点未満)

再受検する（再受検のたびに3,550円かかる）

※教習所で受検する場合、手数料は教習所ごとに異なります

認知機能検査の内容

75歳以上となる方が運転免許証の更新をする場合、認知機能検査と高齢者講習を受けなければなりません。通知を受けたら早めに検査の予約をしましょう。

◉検査の内容

検査時間	約30分
検査場所	指定の自動車教習所、警察署など（要予約）
手数料	1,050円（非課税）
持ち物	通知のはがき、筆記用具（黒ボールペン）、手数料、メガネ・補聴器など

テスト1　手がかり再生

検査時間約14分
16枚の絵を覚えて、その名称を記入します。

検査目的

少し前に記憶したものを思い出せるか調べます。

テスト２　時間の見当識

検査時間約３分

検査当日の年月日、曜日、時間などを記入します。

検査目的

「日時」を正しく認識する力に問題がないか調べます。

高齢者講習の受講期間（75歳以上の場合）

免許証の有効期間が満了する日の６か月前から受けることができます。有効期間の満了日までに受講してください。

◉ 5月1日が誕生日の方の場合

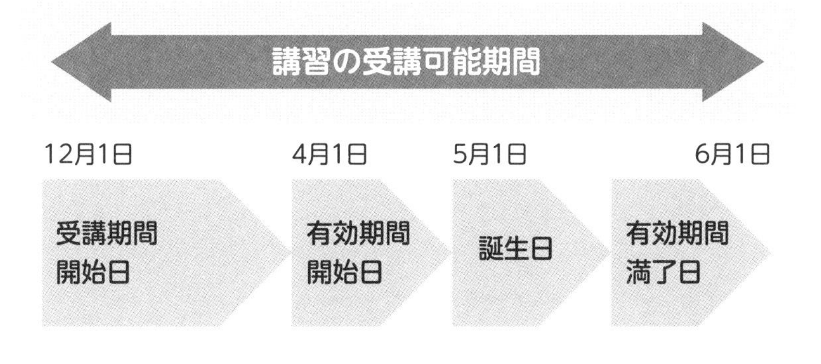

有効期間満了日が日曜・祝日の場合は、その翌日までとなります。

高齢者講習の内容と流れ

認知機能検査で認知症のおそれなしと判断され、高齢者講習の終了証明を受け取れば、運転免許証の更新が可能になります。

◉高齢者講習の具体的な内容

① 座学学習（双方向型講義）：30分

交通事故の状況や安全運転の知識、高齢者による事故の特徴などについての講義が行われます。

② 運転適性検査：30分

夜間視力や動体視力、視野などについて専用の機材を用いて検査します。

③ 実車による指導：1時間

教習所などのコース内を実際に運転しての指導が行われます。危険な癖などがあれば指導されます。

※講習内容は受講する場所によって若干異なる場合があります

認知機能検査の予約から受検の流れ

運転免許の更新期間満了日の6か月前から認知機能検査と高齢者講習を受けることができます。お知らせが届いてから受検するまでの流れを説明します（一定の違反行為がない場合）。

① 通知のはがきが届く

↓

② 認知機能検査を電話またはWEBで予約

↓

③ 予約日に会場に行く

↓

④ 検査会場で事前説明を受ける

↓

⑤ 検査を受ける

↓

⑥ 検査結果を受け取る

① 通知のはがきが届く

免許証の有効期間が満了する約６か月前にお知らせのハガキが届きます。

② 認知機能検査を電話またはWEBで予約

通知のはがきに書かれた検査場所かナビダイヤル（TEL：0570-08-5285）に電話するか、24時間受付可能なWEB予約サイトにて予約します。まだ新型コロナウイルスの影響で予約が取りにくい状況が続いているのでお早めに！　受検には手数料がかかります（1,050円）。

③ 予約日に会場に行く

会場には、時間に余裕を持って出かけましょう。通知のはがき、手数料、筆記用具、メガネなど（必要な方）、運転免許証を持参しましょう。

④ 検査会場で事前説明を受ける

受付時間までに窓口で必要事項を記入します。検査会場では検査に関する注意事項の説明があります。

⑤ 検査を受ける

所要時間は30分程度です。

⑥ 検査結果を受け取る

検査結果は、終了後30分くらいでわかります。当日の受け取りを希望なら待ち時間のあと、書面で通知されます。

2022（令和4）年10月11日以前は、最初に認知機能検査を受けなければいけませんでしたが、10月12日以降は受ける順番は自由になりました。

運転技能検査の対象になる一定の違反行為とは？

75歳以上の運転免許を持っている方が「認知機能が低下した場合に行われやすい一定の違反行為」をした場合、**運転技能検査**を受けなければなりません。以下の11の違反が対象となります。

1. 信号無視

例：赤信号で交差点に進入した

2. 通行区分違反

例：反対車線へはみ出して運転した。逆走した

3. 通行帯違反等

例：追越車線を進行し続けた。路線バスが接近してきたときに優先通行帯から出なかった

4. 速度超過

例：最高速度を超える速度で運転した

5. 横断等禁止違反

例：＜法定横断等禁止違反＞
他の車両等の交通を妨害するおそれのあるときに横断、転回、後退をした

例：<指定横断等禁止違反>
道路標識等により横断、転回または後退が禁止されている場所で横断、転回、後退をした

6. 踏切不停止等・遮断踏切立入り

例：踏切の直前で停止せずに通過した。遮断機が閉じようとしているときに踏切に入った

7. 交差点右左折方法違反等

例：<交差点右左折方法違反>
左折時にあらかじめ道路の左側端に寄らない

例：<環状交差点左折等方法違反>
環状交差点での右左折時にあらかじめ道路の左側端に寄らない

8. 交差点安全進行義務違反等

例：<交差点優先車妨害>
信号機のない交差点で左方から進行してくる車両の進行妨害をした

例：<優先道路通行車妨害等>
信号機のない交差点で優先道路を通行する車両の進行妨害をした

例：<交差点安全進行義務違反>
交差点進入時・通行時における安全を確認しなかった

例：＜環状交差点通行車妨害等＞
環状交差点内を通行する車両の進行妨害をした

例：＜環状交差点安全進行義務違反＞
環状交差点進入時・通行時における安全を確認しなかった

9. 横断歩行者等妨害等

例：横断歩道を通行している歩行者の通行妨害

10. 安全運転義務違反

例：前方不注意、安全不確認等

11. 携帯電話使用等

例：携帯電話を保持して通話してしまった

これらで違反すると、運転技能検査を必ず受けなければなりません。

第3章

認知機能検査絶対合格のためのアドバイス

認知機能検査の特徴を知り、一発合格を目指そう！

　これから練習問題を始めますが、最初にテストの特徴と気を付けたい点を確認しておいてください。

◎認知機能検査の目的と内容を知っておこう

　検査で出題される2つのテストは「手がかり再生」「時間の見当識」です。これらのテストで認知機能がきちんとしているか調べていきます。1回で合格を勝ち取るために、本書と同じ問題を見て、2日分の練習問題を解いて、慣れておいてください。

テスト　手がかり再生

内容

　動物や果物など16枚の絵を見せられるので、それらを覚えて名称を回答していくテストです。回答は2回行えます。1回目はヒントなし、2回目はヒントありで回答していきます。点数配分が6割と重視されるテストです。

検査目的

　このテストでは、少し前に覚えたものを思い出す「短期記憶」

に問題がないか調べます。ヒントがあっても思い出せない場合は、認知機能が低下している可能性があります。

手がかり再生（介入課題）

内容

不規則に並べられた数字の中から、指定された数字に斜線を引いていきます。

検査目的

これは認知機能を検査するのではなく、先ほど記憶した絵を忘れさせるために行われます。このテストは採点されません。

テスト　時間の見当識（けんとうしき）

内容

受検当日の年月日と曜日、時間を記入します。

検査目的

自分が置かれている状況（現在の年月日、時刻、場所など）を正しく認識できているかをチェックします。「時間の見当識」では、日時を把握する能力について調べます。

認知機能検査検査用紙

名前	
生年月日	大正 昭和　　年　　月　　日

諸注意

1　指示があるまで、用紙はめくらないでください。

2　答を書いているときは、声を出さないでください。

3　質問があったら、手を挙げてください。

認知機能検査検査用紙　書き方例

認知機能検査検査用紙

名前	秀和　太郎
生年月日	大正 (昭和)　21年　12月　15日

名前や生年月日を書き間違えてもあせる必要はありません。間違えたところを二重線で訂正し、書き直せば大丈夫です。ただし、消しゴムは使わないでください。

検査の流れと内容

最初の検査では動物や果物など、一度に4枚の絵、計16枚の絵を見せられます。あとで何の絵があったかを答えるので、よく覚えてください。時間は1枚につき約1分です。

① 16枚の絵を見せられるので記憶します

② 問題用紙1（介入課題）

指示された数字に斜線を引き問題を回答します。
＊採点されません。覚えた絵を忘れさせるために行われます。

③ 問題用紙2

16枚の絵の名称を回答していきます。ヒントはありません。回答の順番は問われません。また、回答は「漢字」でも、「ひらがな」でも、「カタカナ」でもかまいません。できるだけ全部書いてください。

④ 問題用紙3

16枚の絵の名称を回答していきます。2回目は回答用紙にヒントが書かれています。ヒントを手がかりに絵を思い出し、できるだけ全部書いてください。

⑤ 問題用紙4

5つの質問に対する答えを回答していきます。よくわからなくても、なんらかの答えを記入してください。

手がかり再生　イラストの記憶

16枚の絵を見てもらいます。あとで何の絵があったか答えていただきますので、よく覚えてください。絵を覚えるためのヒントも書かれていますので、ヒントを手がかりに覚えてください。

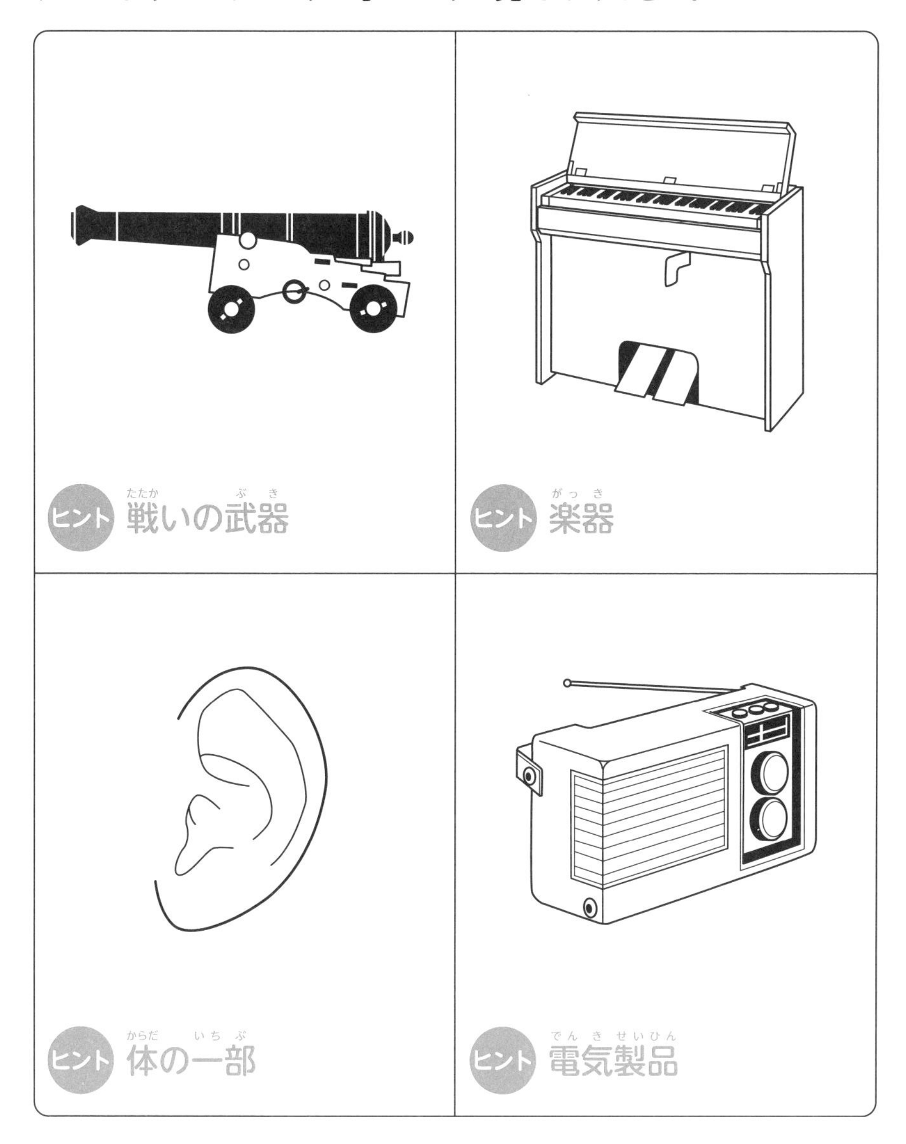

この問題は検査員が16枚の絵について、ヒントを交えながら説明します。口頭で説明するので、絵の描かれた問題用紙はありません。

次のページの絵も覚えていきましょう。➡

覚えられたか不安になっても、前のページに戻らないでください。

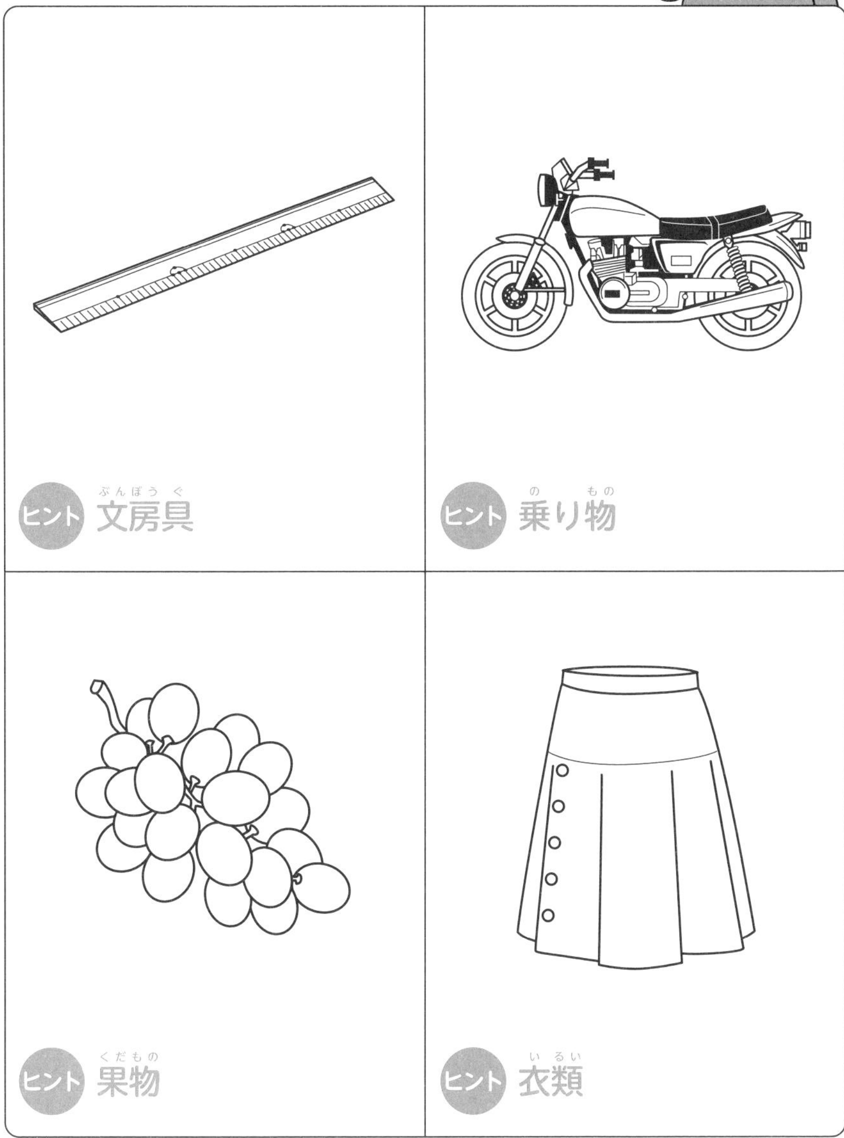

次のページの絵も覚えていきましょう。➡

ヒント 鳥（とり）
ヒント 花（はな）
ヒント 大工道具（だいくどうぐ）
ヒント 家具（かぐ）

介入課題　問題用紙1

これから、たくさん数字が書かれた表が出ますので、私が指示をした数字に斜線を引いてもらいます。

例えば、「1と4」に斜線を引いてくださいと言ったときは、

→

~~4~~	3	~~1~~	~~4~~	6	2	~~4~~	7	3	9
8	6	3	~~1~~	8	9	5	6	~~4~~	3

と例示のように順番に、見つけただけ斜線を引いてください。

※ 指示があるまでめくらないでください。

読み終えたら、次のページに進んでください。➡

回答用紙 1

まず1と9に斜線を引いてください。
引き終えたら、同じ用紙の4と5と8に斜線を引いてください。

→

9	3	2	7	5	4	2	4	1	3
3	4	5	2	1	2	7	2	4	6
6	5	2	7	9	6	1	3	4	2
4	6	1	4	3	8	2	6	9	3
2	5	4	5	1	3	7	9	6	8
2	6	5	9	6	8	4	7	1	3
4	1	8	2	4	6	7	1	3	9
9	4	1	6	2	3	2	7	9	5
1	3	7	8	5	6	2	9	8	4
2	5	6	9	1	3	7	4	5	8

※ 指示があるまでめくらないでください。

引き終えたら、次のページに進んでください。➡

自由回答　問題用紙２

少し前に、何枚かの絵をお見せしました。

何が描かれていたのかを思い出して、できるだけ全部書いてください。

※ 指示があるまでめくらないでください。

回答中は前のページに戻って、絵を見ないようにしてください！

回答用紙 2

1.	9.
2.	10.
3.	11.
4.	12.
5.	13.
6.	14.
7.	15.
8.	16.

※ 指示があるまでめくらないでください。

書き終えたら、次のページに進んでください。➡

手がかり回答　問題用紙3

今度は、回答用紙にヒントが書いてあります。

それを手がかりに、もう一度、何が描かれていたのかを思い出して、できるだけ全部書いてください。

※ 指示があるまでめくらないでください。

読み終えたら、次のページに進んでください。➡

回答用紙3

1．戦いの武器

2．楽器

3．体の一部

4．電気製品

5．昆虫

6．動物

7．野菜

8．台所用品

9．文房具

10．乗り物

11．果物

12．衣類

13．鳥

14．花

15．大工道具

16．家具

※ 指示があるまでめくらないでください。

手がかり再生のアドバイス

手がかり再生の1回目は、ヒントなしで回答します。2回目はヒントありで回答します。

① 回答の順番は問いません。

② 回答は「漢字」でも、「ひらがな」でも、「カタカナ」でもかまいません。

③ 思い出せるもの、できるだけすべてを書いてください。

④ 記憶力についてのテストなので、文字に誤りや抜けがあっても問題ありません。思い出せたものから書いていきましょう。

⑤ 実際のテストでは、検査員が絵を提示します。みなさんの手元に、絵が描かれた用紙はありません。絵が見えづらいときは、検査員に伝えましょう。

⑥ 間違えた場合は、二重線を引いて訂正してください。

問題用紙３　回答例

1．戦いの武器	大砲
2．楽器	オルガン
3．体の一部	耳
4．電気製品	ラジオ
5．昆虫	てんとう虫
6．動物	ライオン
7．野菜	タケノコ
8．台所用品	フライパン
9．文房具	ものさし
10．乗り物	オートバイ
11．果物	ぶどう
12．衣類	スカート
13．鳥	にわとり
14．花	バラ
15．大工道具	ペンチ
16．家具	ベッド

時間の見当識　問題用紙4

この検査には、5つの質問があります。

左側に質問が書いてありますので、それぞれの質問に対する答を右側の回答欄に記入してください。

答が分からない場合には、自信がなくても良いので思ったとおりに記入してください。空欄とならないようにしてください。

※ 指示があるまでめくらないでください。

回答用紙 4

以下の質問にお答えください。

質問	回答
今年は何年ですか？	年
今月は何月ですか？	月
今日は何日ですか？	日
今日は何曜日ですか？	曜日
今は何時何分ですか？	時　　分

回答用紙4　書き方例

以下の質問にお答えください。

質問	回答
今年は何年ですか？	2024 年
今月は何月ですか？	1 月
今日は何日ですか？	24 日
今日は何曜日ですか？	水 曜日
今は何時何分ですか？	2 時 45 分

「今年は何年ですか？」の回答は、西暦でも和暦（元号）でもかまいません。事前にどちらで答えるか決めておきましょう。検査では時計や携帯電話を見ることができません。書き間違えた場合は、二重線を引いて書き直しましょう。

採点はどのように決まる？
テスト1　手がかり再生

得点

最大32点

採点

① 自由回答のみ正解の場合：2点

② 手がかり回答のみ正解の場合：1点

③ 自由回答、手がかり回答のどちらも正解の場合：2点

・両方正解しても3点にはなりません。

採点例

自由回答		手がかり回答		
1. 耳	○	1. 体の一部	足	×

自由回答のみ正解1つ：2点×1　➡2点

自由回答		**手がかり回答**		
2. トラ	×	2. 動物	ライオン	○

手がかり回答のみ正解1つ：1点×1　➡1点

自由回答		**手がかり回答**		
3. ベッド	○	3. 家具	ベッド	○

自由回答、手がかり回答のどちらも正解：2点×1　➡2点

・両方正解でも3点にはなりません。

自由回答		**手がかり回答**		
4. 机	×	4. 果物	メロン、ふどう	×

自由回答、手がかり回答のどちらも不正解：0点×2➡0点

採点はどのように決まる？
テスト2　時間の見当識

得点

最大15点

問題	正解した場合の点数
年	5点
月	4点
日	3点
曜日	2点
時間	1点

説明

この問題の正解は検査した年月日と曜日、検査を開始した時刻の前後30分以内の時間になります。「年」「月」「日」「曜日」「時間」をそれぞれ採点し、合計した点が得点となります。

書き方で注意すべきポイントをお教えします。

今年は何年ですか？　➡　回答例　2024 年

注意：西暦でも和暦でもどちらでもかまいません。和暦の場合、検査時の元号以外の元号を用いた場合、不正解になります。

今月は何月ですか？　➡　回答例　1　月
今日は何日ですか？　➡　回答例　24　日
今日は何曜日ですか？　➡　回答例　水 曜日

注意：回答が空欄の場合は、不正解となります。

今は何時何分ですか？　➡　2 時 45 分

注意：検査開始時刻より30分以上ずれている場合は不正解です。ただし「午前、午後」の記載はなくてもかまいません。

総合点を出して、判定をしてみよう

2つの問題の答え合わせと採点が終わったら、2つの問題の点数を下記のように計算して総合点を出します。この総合点の結果で、「認知機能」が2段階に判定されます。

① 手がかり再生：

あなたの得点　　　点 × 2.499 ➡　　　点

② 時間の見当識：

あなたの得点　　　点 × 1.336 ➡　　　点

総合点　　　点

※小数点以下は切り捨ててください

判定結果

総合点が36点未満 ➡ 認知症のおそれあり

総合点が36点以上 ➡ 認知症のおそれなし

スピード採点表

各テストのかけ算が大変な場合は、下の早見表を使って2つの問題の点数を足し、総合点を出してください。

点数	手がかり再生
0	0
1	2.499
2	4.998
3	7.497
4	9.996
5	12.495
6	14.994
7	17.493
8	19.992
9	22.491
10	24.99
11	27.489
12	29.988
13	32.487
14	34.986
15	37.485
16	39.984

点数	手がかり再生
17	42.483
18	44.982
19	47.481
20	49.98
21	52.479
22	54.978
23	57.477
24	59.976
25	62.475
26	64.974
27	67.473
28	69.972
29	72.471
30	74.97
31	77.469
32	79.968

点数	時間の見当識
0	0
1	1.336
2	2.672
3	4.008
4	5.344
5	6.68
6	8.016
7	9.352
8	10.688
9	12.024
10	13.36
11	14.696
12	16.032
13	17.368
14	18.704
15	20.04

総合点

手がかり再生　　　点　＋　時間の見当識　　　点 ➡ 　　　点

メモ（ご自由にお使いください）

第4章

毎日特訓！運転脳活性化ドリル30日分

空間認識力を鍛える

問題 イヌが描かれた三角形を〈スタート〉の位置から直線に沿って一辺ずつ4回転がします。イヌの顔の向きは①～③のどれになっているでしょうか？

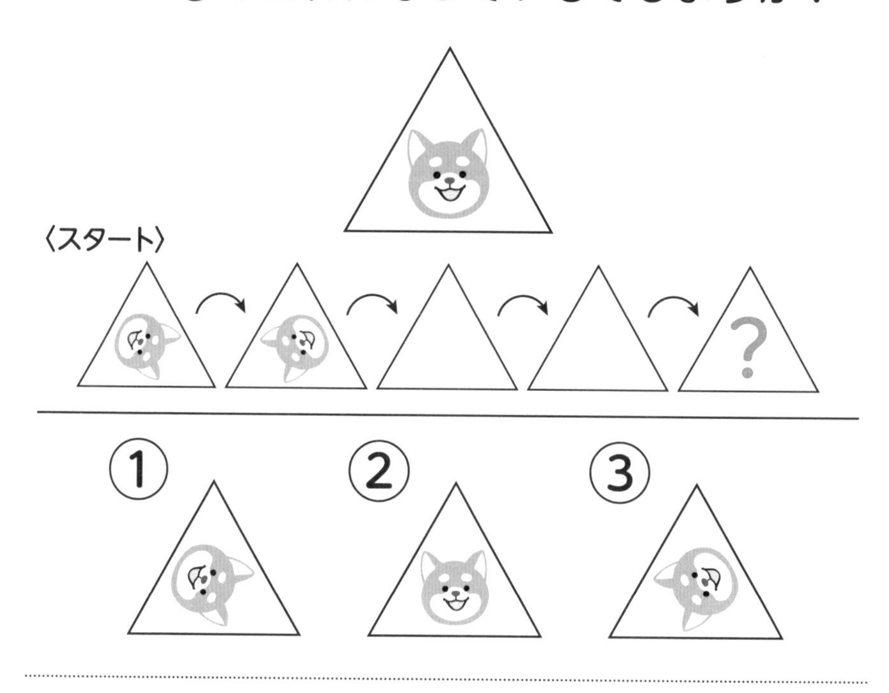

目安時間
3分

解答欄

チェック欄
1回目
2回目

答え▶P.95

記憶力を鍛える

問題 下の絵を30秒見て記憶しましょう。
30秒経ったら次のページを開いてください。

記憶力を鍛える

問題 前のページから、なくなったものと、新しく加わったものがあります。それはなんですか？

目安時間
3分

解答欄

なくなったもの	加わったもの

チェック欄
□ 1回目
□ 2回目
答え▶P.95

注意力を鍛える

問題 ①～④のうち、1つだけほかと違う絵があります。どれですか？

①

②

③

④

目安時間

3分

解答欄

チェック欄

□ 1回目

□ 2回目

答え▶P.95

予測力を鍛える

問題

サイコロの目が左から右へ、ある法則で変化しています。最後の□には①〜⑥のどれが入りますか？

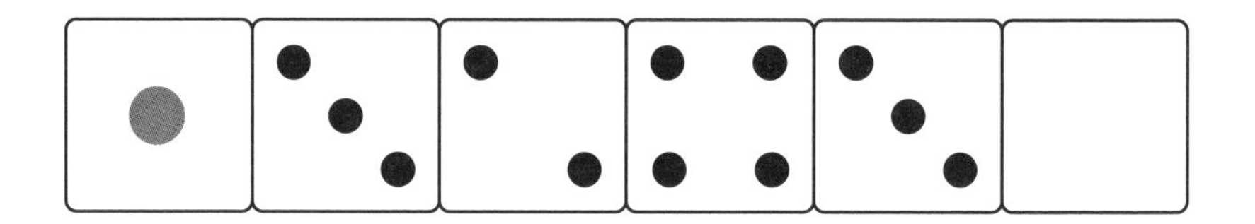

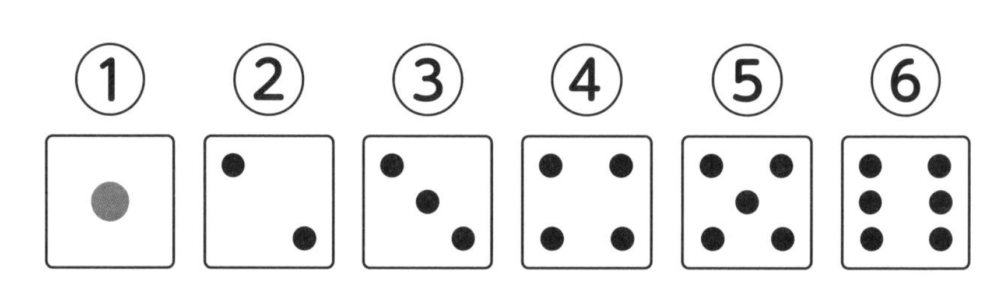

目安時間
3分

答え▶P.95

俊敏力を鍛える

問題　1つだけほかと違うものがあります。
どれでしょうか？

目安時間
3分

解答欄　チェック欄
□ 1回目
□ 2回目
答え▶P.95

6 日目 感情抑止力を鍛える

問題 下の文字で１つだけ違う文字があります。見つけて○で囲んでください。

大大大大大大大大大大大大大大大大大大

大大大大大大大大大大大大大大大大大大

大大大大大大大大大大大大大大大大大大

大大大大太大大大大大大大大大大大大大

大大大大大大大大大大大大大大大大大大

大大大大大大大大大大大大大大大大大大

大大大大大大大大大大大大大大大大大大

大大大大大大大大大大大大大大大大大大

大大大大大大大大大大大大大大大大大大

大大大大大大大大大大大大大大大大大大

目安時間 3分

チェック欄

□ 1回目

□ 2回目

答え▶P.95

7日目 記憶力を鍛える

問題

昭和のレトロなグッズが並んでいます。10秒間見てどんなものがあるか覚え、次のページを開きましょう。

7 日目 記憶力を鍛える

問題 グッズが1つ増えています。前のページになかったものは、①～⑥のどれですか？

目安時間 3分

解答欄

チェック欄
□ 1回目
□ 2回目

答え▶P.96

注意力を鍛える

問題　帽子が5つ入った箱があります。中身がまったく同じ箱は①～⑤のどれですか？　2つ選んでください。

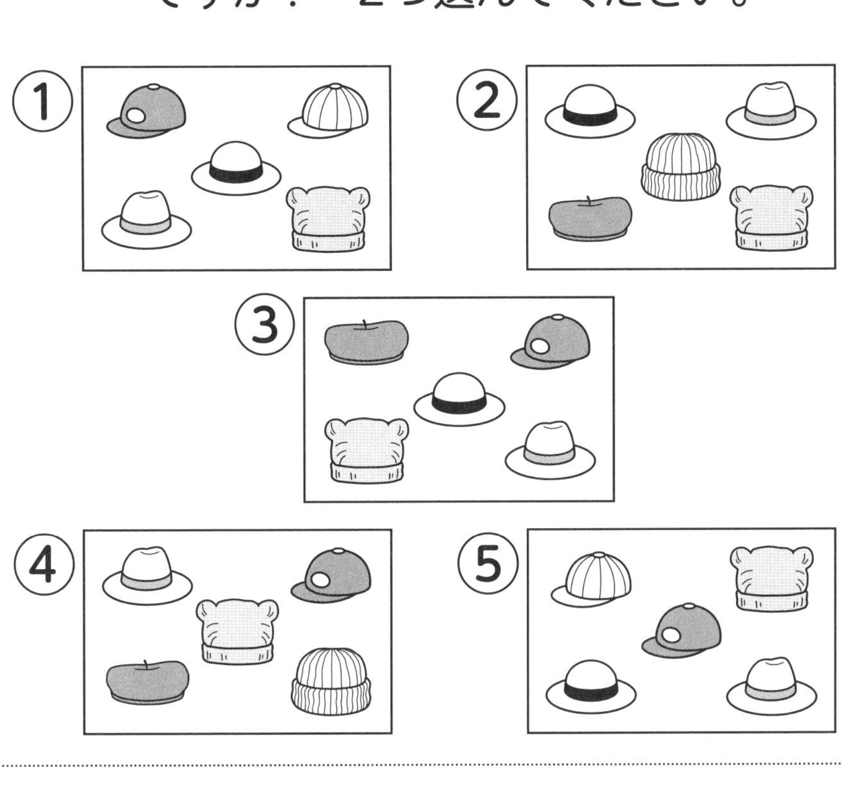

目安時間
3分

解答欄

チェック欄
1回目
2回目
答え▶P.96

空間認識力を鍛える

問題 サイコロの展開図を組み立てたとき、⚂の面の反対側になる面はなんでしょうか？　サイコロの目の数字で答えてください。

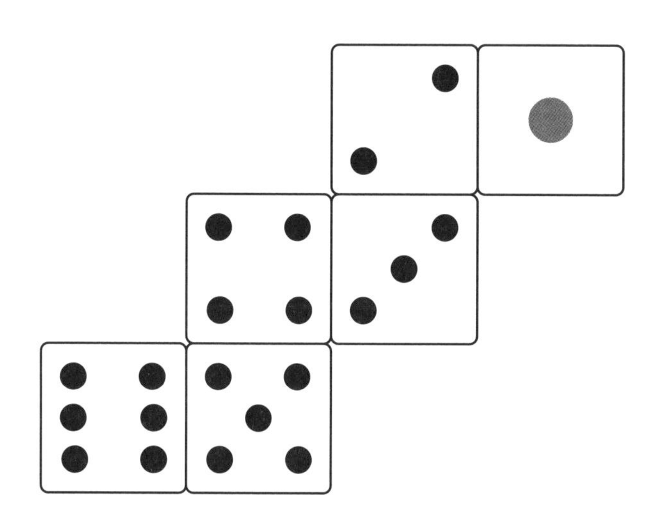

目安時間

3分

解答欄

チェック欄

1回目

2回目

答え▶P.96

10 日目 予測力を鍛える

問題　ジャマイカの国旗の一部が欠けています。**?** に入るのは①～④のどれですか？

①

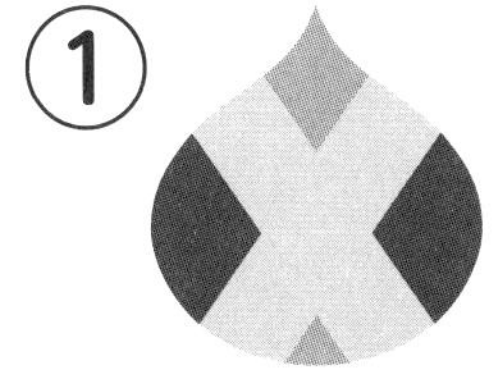

②

③

④

目安時間

3分

解答欄　チェック欄

1回目

2回目

答え▶P.96

11日目 俊敏力を鍛える

問題 ひらがなで書かれた数式を計算し、答えをだしてください。

解答欄

Q1 ななたすにじゅうよんは？ □

Q2 ごかけるさんひくろくは？ □

Q3 さんじゅうわるごひくには？ □

Q4 ろくじゅうひくじゅうはちは？ □

Q5 ひゃくきゅうひくひゃくはちは？ □

目安時間
5分

チェック欄
□ 1回目
□ 2回目
答え▶P.96

12 日目

感情抑止力を鍛える

問題 星型の中に三角形はいくつありますか？　正しい数を①〜④から選びましょう。

① 8個　② 9個　③ 10個　④ 11個

目安時間 5分

解答欄

チェック欄
□ 1回目
□ 2回目

答え▶P.97

13 日目

注意力を鍛える

問題　上の絵と左右が反対になっているものは①から⑥のどれですか？

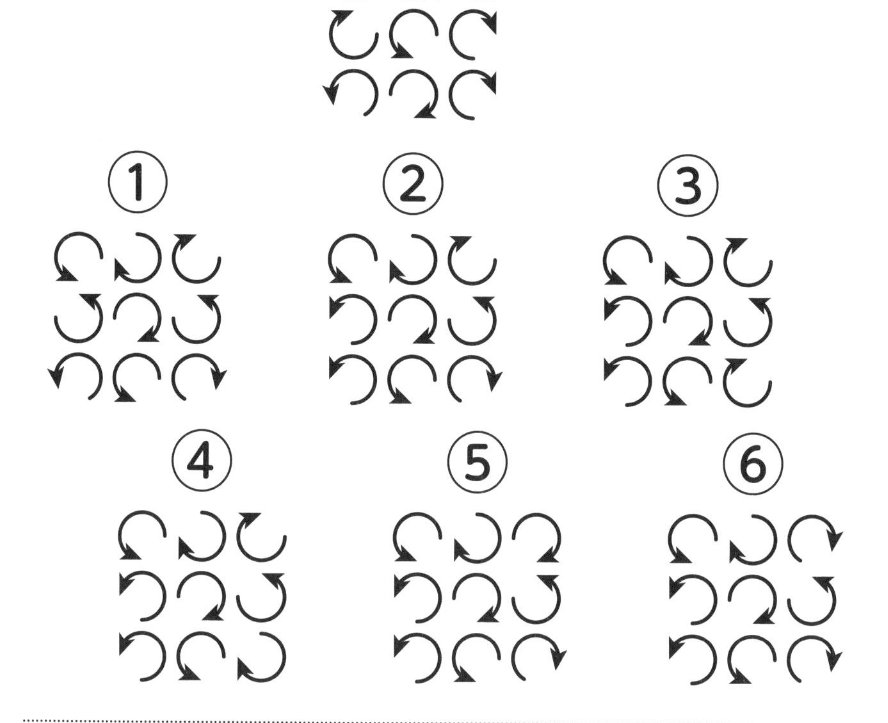

目安時間
5分

解答欄

チェック欄
1回目
2回目

答え▶P.97

記憶力を鍛える

問題 下の絵をよく見て、30秒経ったら次のページを開きましょう。

14 日目 記憶力を鍛える

問題 前のページになかったものはどれですか？

目安時間

5分

解答欄

チェック欄

1回目

2回目

答え▶P.97

15日目 空間認識力を鍛える

問題 どの輪を切り離しても全部がバラバラになるのはどれですか？

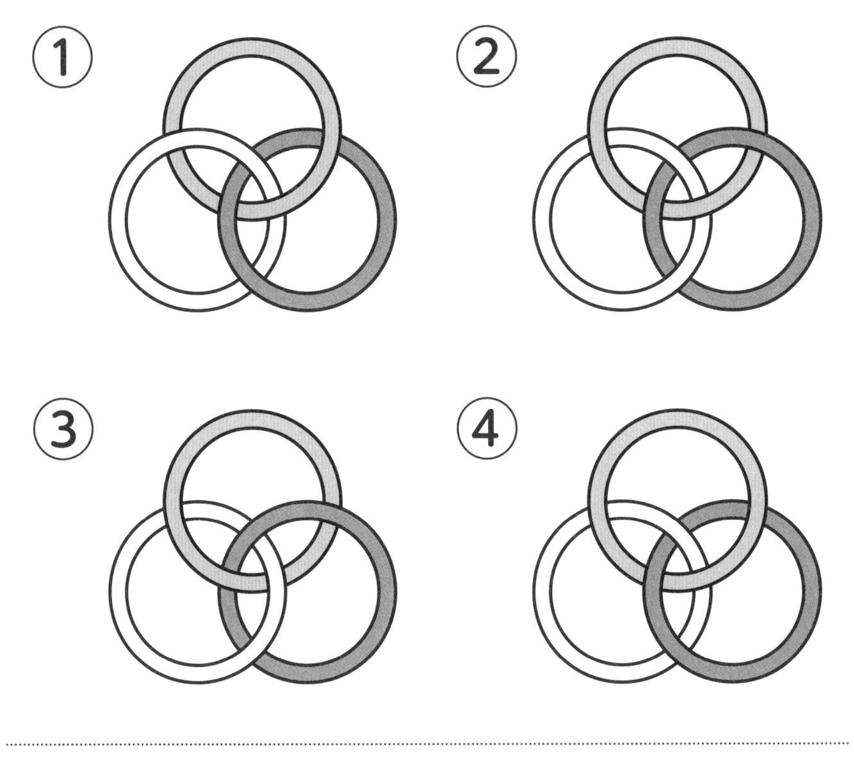

目安時間
5分

解答欄

チェック欄
1回目
2回目

答え▶P.97

16 日目 予測力を鍛える

問題 ある場所から時計回りに1文字ずつ進むと、ある言葉が現れます。あてはまるひらがなを書いてください。

Q1

つ		ね
り	■	ん
う	そ	び

Q2

ん	せ	
お	■	り
ん	か	ょ

Q3

	う	じ
う	■	ょ
ゆ	り	う

Q4

ど	う	せ
ん	■	ん
う	ょ	

目安時間 5分

解答欄

Q1	Q2	Q3	Q4

チェック欄

□ 1回目

□ 2回目

答え▶P.97

17 日目 俊敏力を鍛える

問題 同じ柄のキノコが2つあります。どれとどれでしょうか？

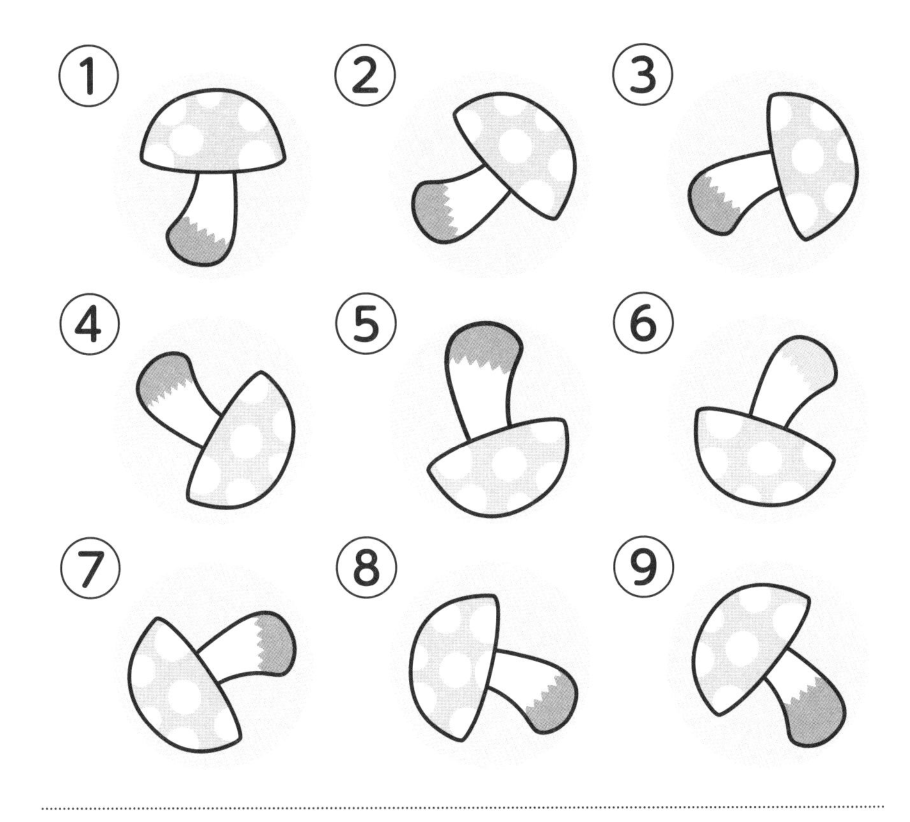

目安時間 5分

チェック欄

□ 1回目

□ 2回目

答え▶P.98

18 日目　感情抑止力を鍛える

問題　下の文字で１つだけ違う文字があります。見つけて○で囲んでください。

ささささささささささささささささささ
ささささささささささささささささささ
ささささささささささささささささささ
ささささささささささささささささささ
さささささささささきささささささささ
ささささささささささささささささささ
ささささささささささささささささささ
ささささささささささささささささささ
ささささささささささささささささささ
ささささささささささささささささささ

目安時間　5分

チェック欄
□ 1回目
□ 2回目
答え▶P.98

19 日目

記憶力を鍛える

問題

下の絵を30秒見て記憶しましょう。30秒経ったら、次のページを開いてください。

19 日目 記憶力を鍛える

問題 前のページと同じイラストはどれですか？

目安時間 5分

解答欄

チェック欄
1回目
2回目

答え▶P.98

20日目 注意力を鍛える

問題 それぞれ1つだけ欠けている数字をこたえてください。

Q1 1から20まで

6 8 11 17 18 4 1 15 9 12 7 13 5 20 19 3 16 2 14

Q2 21から40まで

24 33 31 36 34 28 32 27 30 21 38 23 29 25 22 37 40 39 26

Q3 41から60まで

52 48 46 50 56 45 54 42 43 60 57 59 47 41 49 51 44 55 53

Q4 61から80まで

62 69 74 79 66 73 75 65 64 68 63 72 71 70 76 78 67 80 61

目安時間 8分

解答欄

Q1	Q2	Q3	Q4

チェック欄

□ 1回目

□ 2回目

答え▶P.98

21 日目 空間認識力を鍛える

問題 この展開図を組み立てたとき、〈完成品〉のような立方体になるのは①と②のどちらでしょうか？

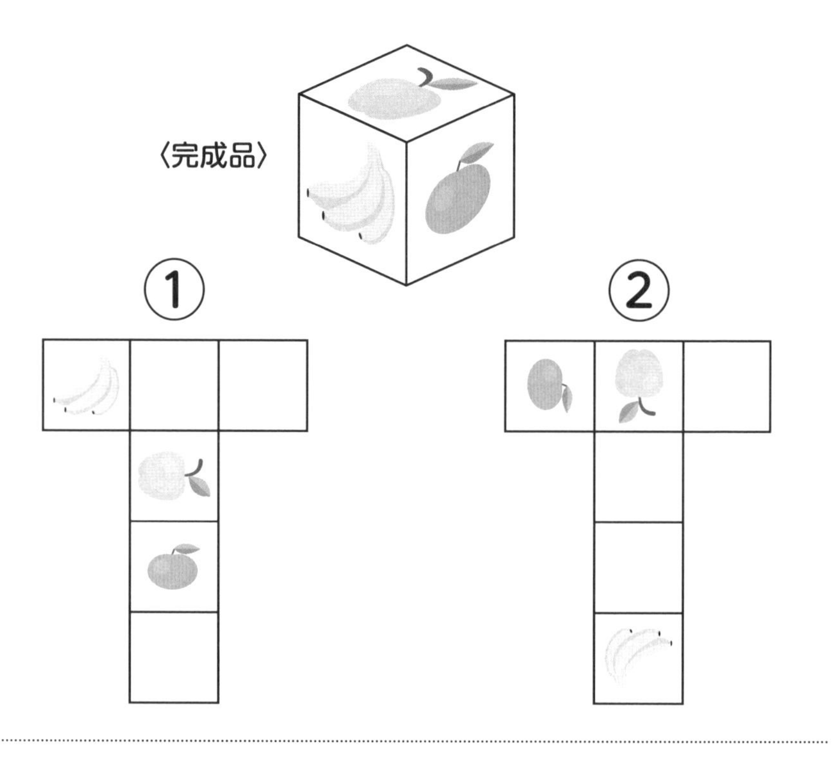

目安時間
8分

解答欄　チェック欄
□ 1回目
□ 2回目
答え▶P.98

22 日目 予測力を鍛える

問題 背景の建物に注目し①～④を時間の経過にあわせて並び替えてください。

①

②

③

④

目安時間 8分

解答欄

➡ ➡ ➡

チェック欄

□ 1回目

□ 2回目

答え▶P.98

23 日目

俊敏力を鍛える

問題

5種類のパンのなかで、いちばん数が多いのはどれでしょうか？

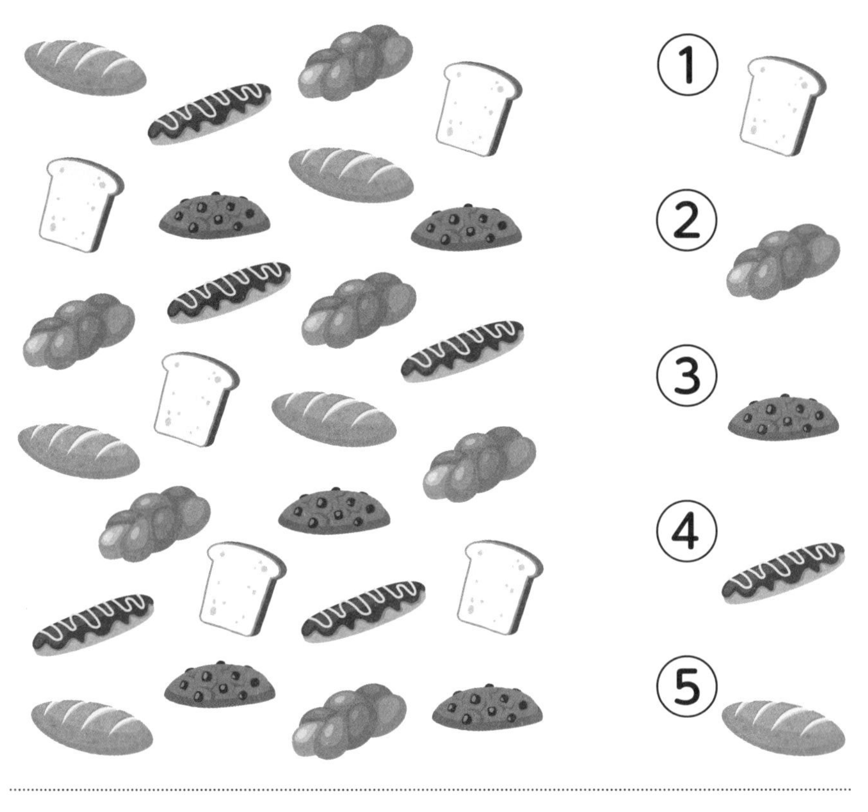

目安時間

8分

解答欄

チェック欄

□ 1回目

□ 2回目

答え▶P.99

24 日目 感情抑止力を鍛える

問題　スタートからゴールまでの順番に、アルファベットを並べてください。

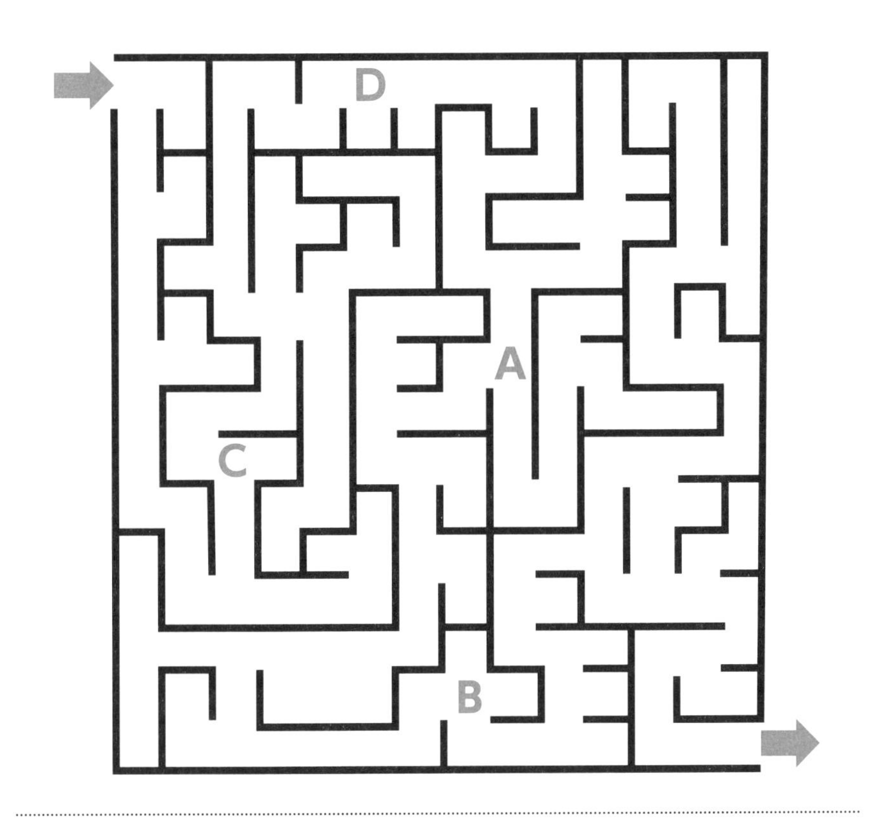

目安時間
8分

解答欄
→ → →

チェック欄
□ 1回目
□ 2回目

答え▶P.99

予測力を鍛える

問題 4つのマスに書かれた言葉のあとに続く、同じ読みの動詞はなんでしょうか？

Q1

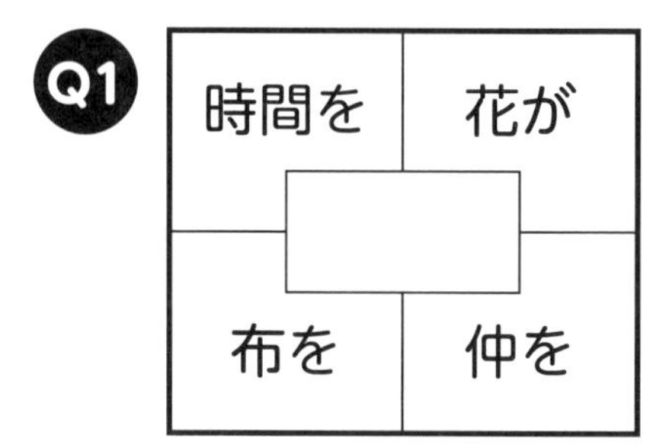

Q2

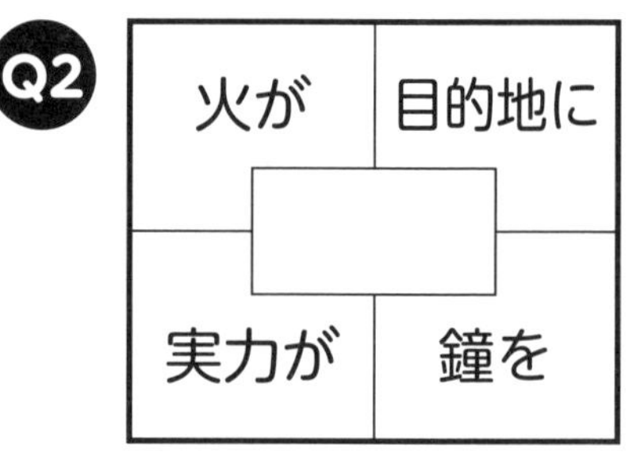

Q3

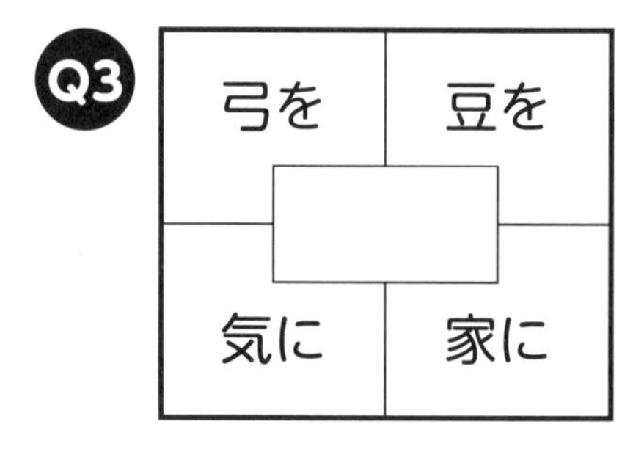

Q4

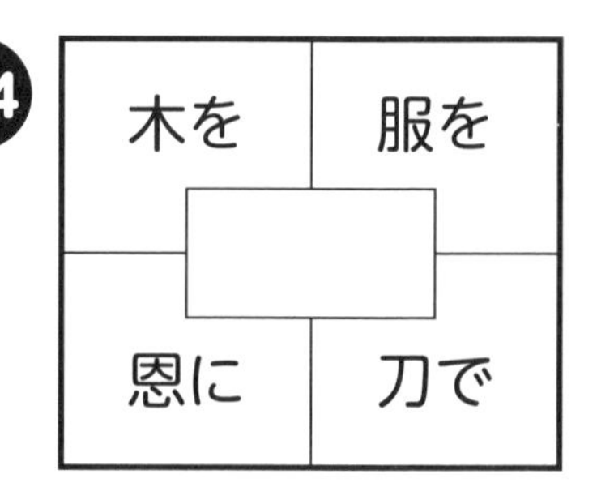

目安時間 **8分**

解答欄

Q1	Q2
Q3	Q4

チェック欄
□ 1回目
□ 2回目

答え▶P.99

記憶力を鍛える

問題 下の交通標識をよく見て、1分経ったら次のページを開きましょう。

26 日目 記憶力を鍛える

問題 前のページになかった交通標識はどれですか？

③

④

⑥

目安時間 8分

解答欄

チェック欄
1回目
2回目

答え▶P.99

注意力を鍛える

問題

上の絵と下の絵には違うところが5カ所あります。よく見比べて違うところを○で囲んでください。

目安時間

8分

チェック欄

□ 1回目

□ 2回目

答え▶P.100

28 日目 空間認識力を鍛える

問題 正方形の折り紙を折り、一部をハサミで切りました。この折り紙を広げたらどれになりますか？

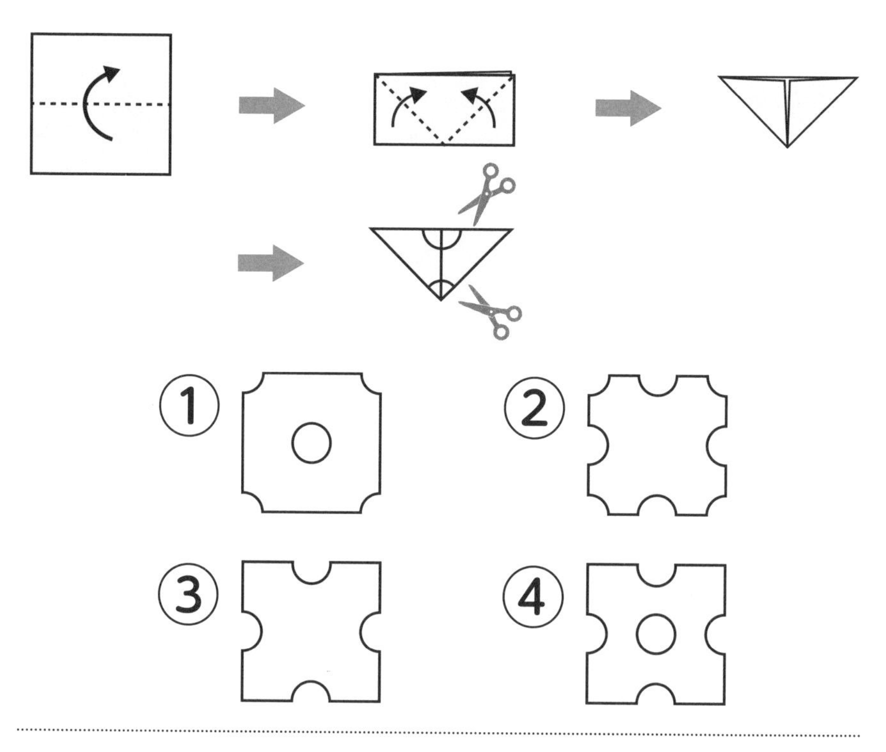

目安時間
8分

解答欄

チェック欄
1回目
2回目

答え▶P.100

29 日目

俊敏力を鍛える

問題

もみじ饅頭(まんじゅう)、もなか、おはぎの値段は以下のとおりです。枠の中の和菓子をすべて買うといくらでしょうか？

1皿 120円

1皿 250円

1皿 310円

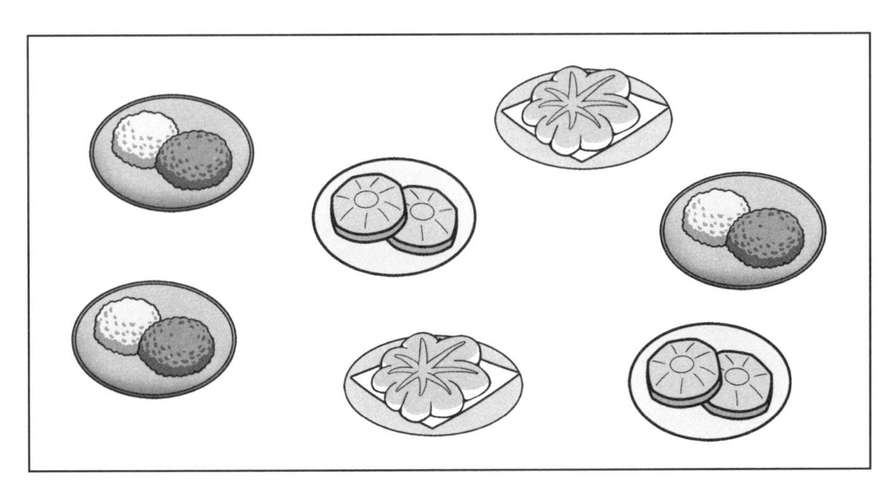

目安時間

8分

解答欄

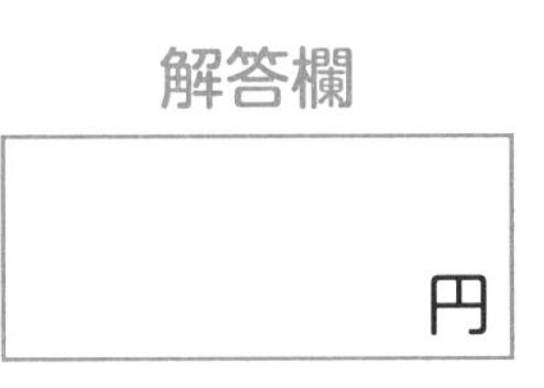

チェック欄

□ 1回目

□ 2回目

答え▶P.100

感情抑止力を鍛える

問題

➡から入って、➡から抜けてください。最初はペンや鉛筆を使わず、目で追うだけで挑戦してみましょう。

目安時間

8分

チェック欄

1回目

2回目

答え▶P.100

1日目

正解：③

✓ 正解したらチェック □1回目 □2回目

2日目

正解：なくなったもの　けん玉
加わったもの　りんご

✓ 正解したらチェック □1回目 □2回目

3日目

正解：③

ネックレスの玉の数がほかのものより１個多くなっています。

✓ 正解したらチェック □1回目 □2回目

4日目

正解：⑤

「左から右に、目が２つ増えたあと１つ減る」というルールを繰り返しています。

✓ 正解したらチェック □1回目 □2回目

5日目

正解：⑥

⑥だけ左右が反対になっています。

✓ 正解したらチェック □1回目 □2回目

6日目

正解：４段目の左から５文字めが「太」

✓ 正解したらチェック □1回目 □2回目

7日目

正解：⑤

✓ 正解したらチェック □1回目 □2回目

8日目

正解：①と⑤

✓ 正解したらチェック □1回目 □2回目

9日目

正解：6

わからないときは実際に作ってみましょう。

✓ 正解したらチェック □1回目 □2回目

10日目

正解：③

①は緑のクロスの角度が違い、②は緑のクロスが太く、④は黒とグレーの部分が逆になっています。

✓ 正解したらチェック □1回目 □2回目

11日目

正解：

Q1 31　$7 + 24 = 31$

Q2 9　$5 \times 3 - 6 = 9$

Q3 4　$30 \div 5 - 2 = 4$

Q4 42　$60 - 18 = 42$

Q5 1　$109 - 108 = 1$

✓ 正解したらチェック □1回目 □2回目

12日目

正解：③

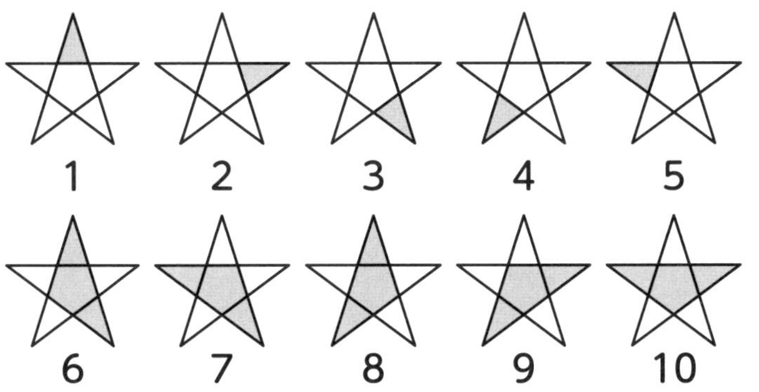

✓ 正解したらチェック □1回目 □2回目

13日目

正解：②

✓ 正解したらチェック □1回目 □2回目

14日目

正解：②

カバンの形が変わっています。

✓ 正解したらチェック □1回目 □2回目

15日目

正解：②

✓ 正解したらチェック □1回目 □2回目

16日目

正解：
Q1 き　そうりつ[き]ねんび
Q2 ん　おんせ[ん]りょかん
Q3 ぐ　りゅう[ぐ]うじょう
Q4 き　せん[き]ょうんどう

✓ 正解したらチェック □1回目 □2回目

17日目

正解：②と⑦

①が違います
⑧が違います
③は向きが、
⑤は大きさが違います
④はギザギザの数が、
⑨は大きさが、⑥は色が違います

①
⑧
③⑤
④⑥⑨

✓ 正解したらチェック □1回目 □2回目

18日目

正解：5段目の左から10文字めが「き」

✓ 正解したらチェック □1回目 □2回目

19日目

正解：③

✓ 正解したらチェック □1回目 □2回目

20日目

正解 Q1：10　Q2：35　Q3：58　Q4：77

✓ 正解したらチェック □1回目 □2回目

21日目

正解：②

わからないときは実際に作ってみましょう。

✓ 正解したらチェック □1回目 □2回目

22日目

正解：④→②→③→①

✓ 正解したらチェック □1回目 □2回目

23日目

正解：②

②のパンだけ6個あります。他はすべて5個ずつです。

✓ 正解したらチェック □1回目 □2回目

24日目

正解：C → D → A → B

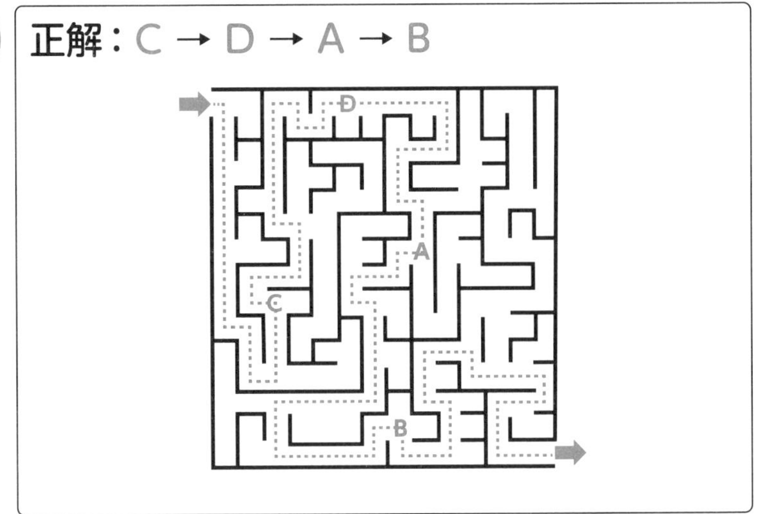

✓ 正解したらチェック □1回目 □2回目

25日目

正解 Q1：さく Q2：つく Q3：いる Q4：きる

Q1：時間を割く、花が咲く、布を裂く、仲を裂く

Q2：火がつく、目的地に着く、実力がつく、鐘をつく

Q3：弓を射る、豆を煎る、気に入る、家にいる

Q4：木を切る、服を着る、恩にきる、刀で斬る

✓ 正解したらチェック □1回目 □2回目

26日目

正解：④

「横断禁止」が「通行止」に変わっています。

✓ 正解したらチェック □1回目 □2回目

27日目

正解：

右のカモメの位置が違う、ヤシの実が大きい、右下の波の形が違う、太陽の模様が違う、ヨットの船体の形が違う

✓ 正解したらチェック □1回目 □2回目

28日目

正解：④

わからないときは実際に作ってみましょう。

✓ 正解したらチェック □1回目 □2回目

29日目

正解：1,670円

もみじ饅頭が2冊、もなかが2皿、おはぎが3皿で、
120×2＋250×2＋310×3＝1670円です。

✓ 正解したらチェック □1回目 □2回目

30日目

正解：図参照

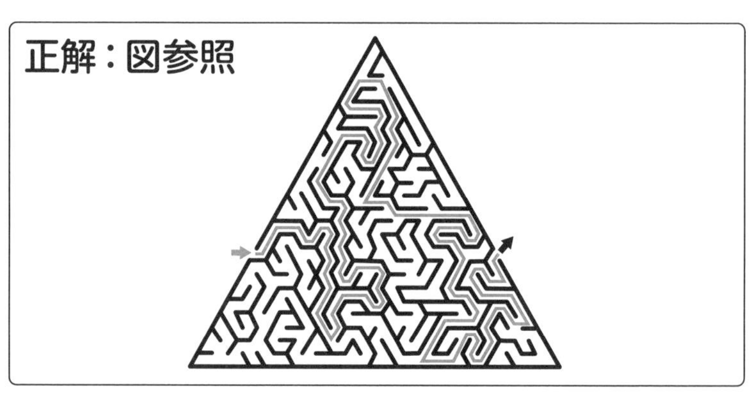

✓ 正解したらチェック □1回目 □2回目

第5章

認知機能検査 本番レッスン 2回分

練習問題
1日目

手がかり再生
イラストの記憶

　何枚かの絵を見てもらいます。あとで何の絵があったかすべて答えていただきますので、よく覚えてください。絵を覚えるためのヒントも書かれていますので、ヒントを手がかりに覚えてください。

検査員が16枚の絵についてヒントを交えて説明します。実際の検査では、口頭で説明するため絵の描かれた問題用紙はありません。次のページに描かれている絵も覚えてください。

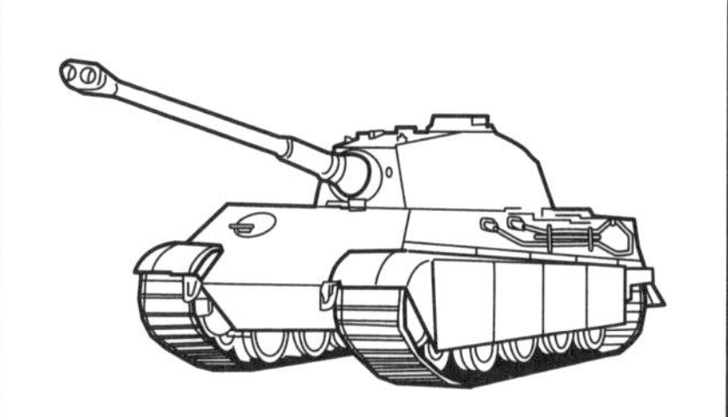

戦(たたか)いの武器(ぶき)

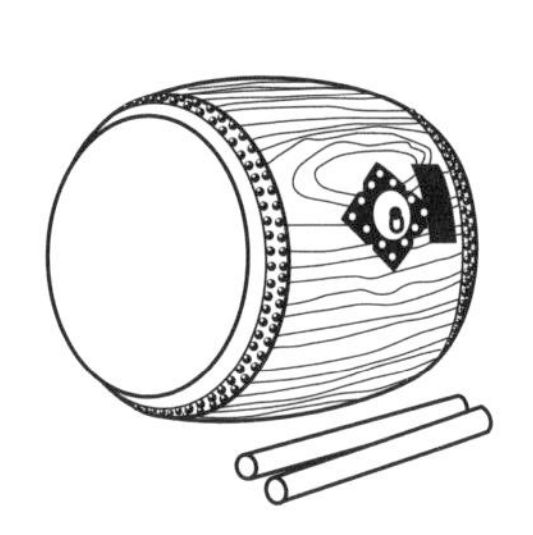

楽器(がっき)

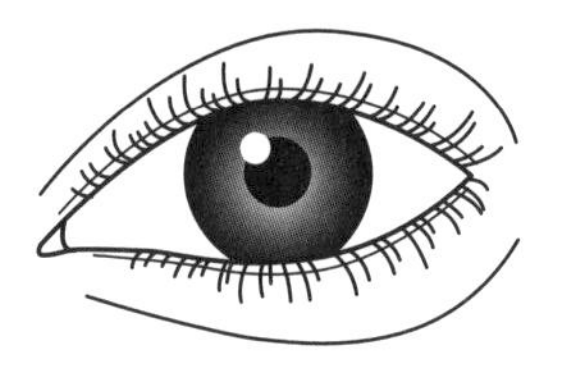

体(からだ)の一部(いちぶ)

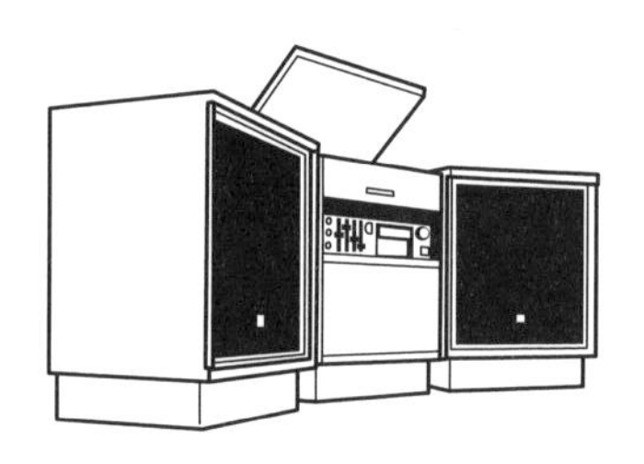

電気製品(でんきせいひん)

手がかり再生
イラストの記憶

ヒントを手がかりにすべての絵を覚えてください。

覚えたかどうか確認するために、前のページには戻らないでください。

手がかり再生
イラストの記憶

ヒントを手がかりにすべての絵を覚えてください。

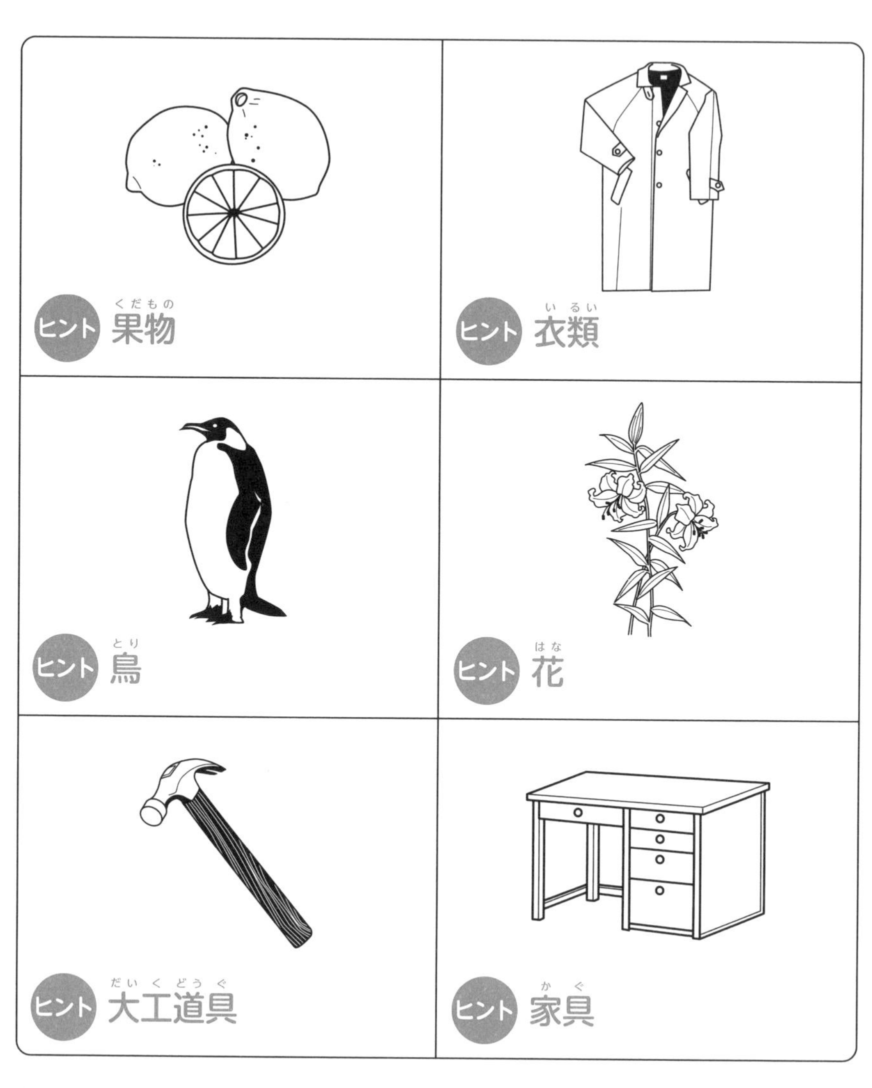

覚えたかどうか確認するために、前のページには戻らないでください。

問題用紙1
介入課題

これから、たくさん数字が書かれた表が出ますので、私が指示をした数字に斜線を引いてもらいます。

例えば、「1と4」に斜線を引いてください と言ったときは、

4	3	1	4	6	2	4	7	3	9
8	6	3	1	8	9	5	6	4	3

と例示のように順番に、見つけただけ斜線を引いてください。

読み終えたら、次のページに進んでください。➡

練習問題
1日目

回答用紙1

介入課題

回答時間：30秒×2回

まず4と8に斜線を引いてください。
引き終えたら、同じ用紙の2と5と9に斜線を引いてください。

→

9	3	2	7	5	4	2	4	1	3
3	4	5	2	1	2	7	2	4	6
6	5	2	7	9	6	1	3	4	2
4	6	1	4	3	8	2	6	9	3
2	5	4	5	1	3	7	9	6	8
2	6	5	9	6	8	4	7	1	3
4	1	8	2	4	6	7	1	3	9
9	4	1	6	2	3	2	7	9	5
1	3	7	8	5	6	2	9	8	4
2	5	6	9	1	3	7	4	5	8

引き終えたら、次のページに進んでください。➡

問題用紙2
自由回答

少し前に、何枚かの絵をお見せしました。

何が描かれていたのかを思い出して、できるだけ全部書いてください。

- 前のページに戻って絵を見ないようにしてください。
- 回答の順番は問いません。
- 回答は漢字でも、ひらがなでも、カタカナでもかまいません。
- 間違えた場合は、二重線を引いて訂正してください。

読み終えたら、次のページに進んでください。➡

練習問題
1日目

回答用紙2

自由回答

回答時間：3分30秒

1.	9.
2.	10.
3.	11.
4.	12.
5.	13.
6.	14.
7.	15.
8.	16.

書き終えたら、次のページに進んでください。➡

練習問題 1日目

問題用紙3 手がかり回答

今度は、回答用紙にヒントが書いてあります。

それを手がかりに、もう一度、何が描かれていたのかを思い出して、できるだけ全部書いてください。

回答は1つだけです。2つ以上書かないでください。
・回答は漢字でも、ひらがなでも、カタカナでもかまいません。
・間違えた場合は、二重線を引いて訂正してください。

練習問題 1日目

回答用紙3

手がかり回答

回答時間：3分30秒

1．戦い（たたか）の武器（ぶき）	9．文房具（ぶんぼうぐ）
2．楽器（がっき）	10．乗り物（のりもの）
3．体（からだ）の一部（いちぶ）	11．果物（くだもの）
4．電気製品（でんきせいひん）	12．衣類（いるい）
5．昆虫（こんちゅう）	13．鳥（とり）
6．動物（どうぶつ）	14．花（はな）
7．野菜（やさい）	15．大工道具（だいくどうぐ）
8．台所用品（だいどころようひん）	16．家具（かぐ）

書き終えたら、次のページに進んでください。➡

練習問題
1日目

回答用紙4
時間の見当識

回答時間：3分

何年の回答は、西暦でも和暦でもかまいません。和暦とは元号を使った言い方です。「何年」は「なにどし」ではないので、干支で答えないでください。

以下の質問にお答えください。

質問	回答
今年は何年ですか？	年
今月は何月ですか？	月
今日は何日ですか？	日
今日は何曜日ですか？	曜日
今は何時何分ですか？	時　分

書き終えたら、次のページに進んでください。➡

練習問題 1日目

1日目の回答と解説

1日目の練習問題の答え合わせをしましょう。そのあと、採点結果によって判定をします。

時間の見当識

最大15点

問題	正解した場合の点数
年	5点
月	4点
日	3点
曜日	2点
時間	1点

あなたの得点

点

解説

この問題は検査した年月日と曜日、検査を開始した時刻の前後30分以内の時間が書かれていれば正解となります。「年・月・日・曜日・時間」をそれぞれ採点して、合計得点を出します。

今日の「年」「月」「日」「曜日」をカレンダーで確認して採点しましょう！

今年は何年ですか？ ➡

- 西暦でも和暦でもどちらでもかまいません。和暦の場合、検査時の元号以外の元号を用いた場合、不正解になります。

今月は何月ですか？ ➡
今日は何日ですか？ ➡
今日は何曜日ですか？ ➡

- 回答が空欄の場合は、不正解となります。

手がかり再生

最大32点

	ヒント	正解	自由回答	手がかり回答	得点
1	戦いの武器	戦車			
2	楽器	太鼓			
3	体の一部	目			
4	電気製品	ステレオ			
5	昆虫	トンボ			
6	動物	ウサギ			
7	野菜	トマト			
8	台所用品	ヤカン			
9	文房具	万年筆			
10	乗り物	飛行機			

	ヒント	正解	自由回答	手がかり回答	得点
11	果物	レモン			
12	衣類	コート			
13	鳥	ペンギン			
14	花	ユリ			
15	大工道具	カナヅチ			
16	家具	机			

あなたの総得点　　　　　点

- 自由回答のみ正解の場合：1問正解で2点
- 手がかり回答のみ正解の場合：1問正解で1点
- 自由回答、手がかり回答のどちらも正解の場合：2点
- ヒントに回答が対応していない場合でも、正しい単語が書かれていれば正解です。

練習問題
1日目

1日目の総合点を出して、判定をしてみよう

2つの問題の答え合わせと採点が終わったら、2つの問題の点数を下記のように計算して総合点を出します。この総合点の結果で、「認知機能」が2段階に判定されます。

① 手がかり再生：

あなたの得点　　点 × 2.499 ➡ 　　点

② 時間の見当識：

あなたの得点　　点 × 1.336 ➡ 　　点

総合点　　点

※小数点以下は切り捨ててください

判定結果

総合点が36点未満 ➡ 認知症のおそれあり

総合点が36点以上 ➡ 認知症のおそれなし

練習問題 2日目

手がかり再生
イラストの記憶

何枚かの絵を見てもらいます。あとで何の絵があったかすべて答えていただきますので、よく覚えてください。絵を覚えるためのヒントも書かれていますので、ヒントを手がかりに覚えてください。

検査員が16枚の絵についてヒントを交えて説明します。実際の検査では、口頭で説明するため絵の描かれた問題用紙はありません。次のページに描かれている絵も覚えてください。

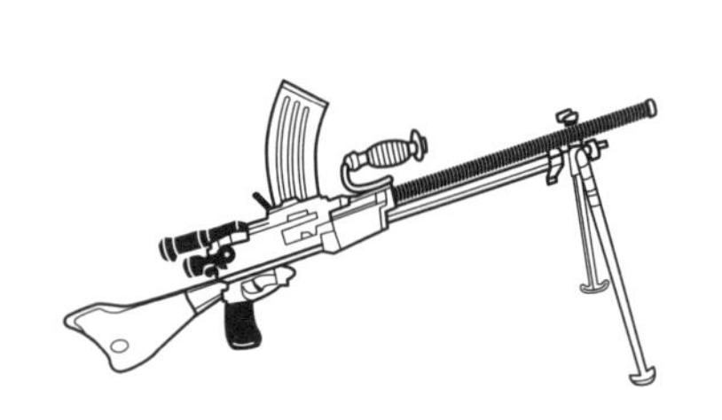

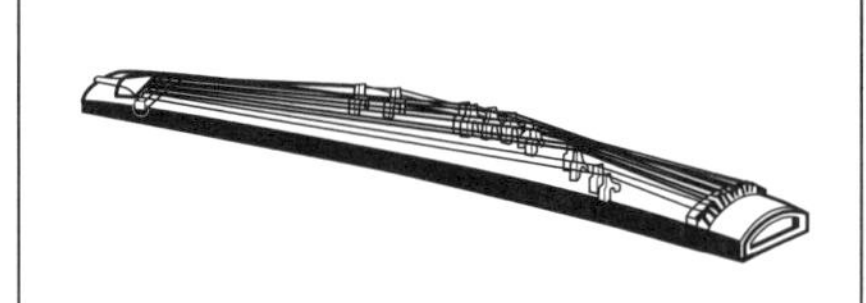

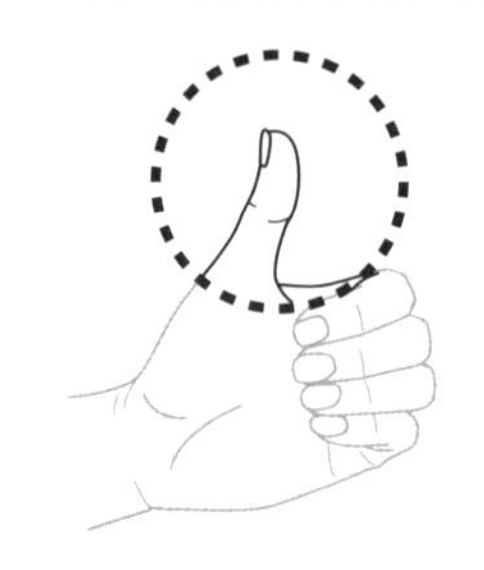

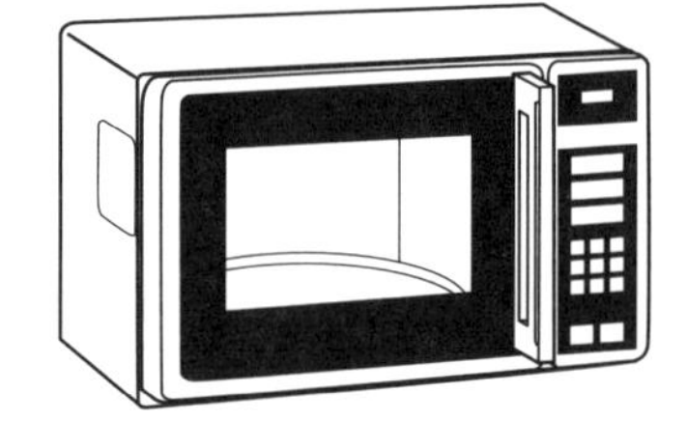

手がかり再生
イラストの記憶

ヒントを手がかりにすべての絵を覚えてください。

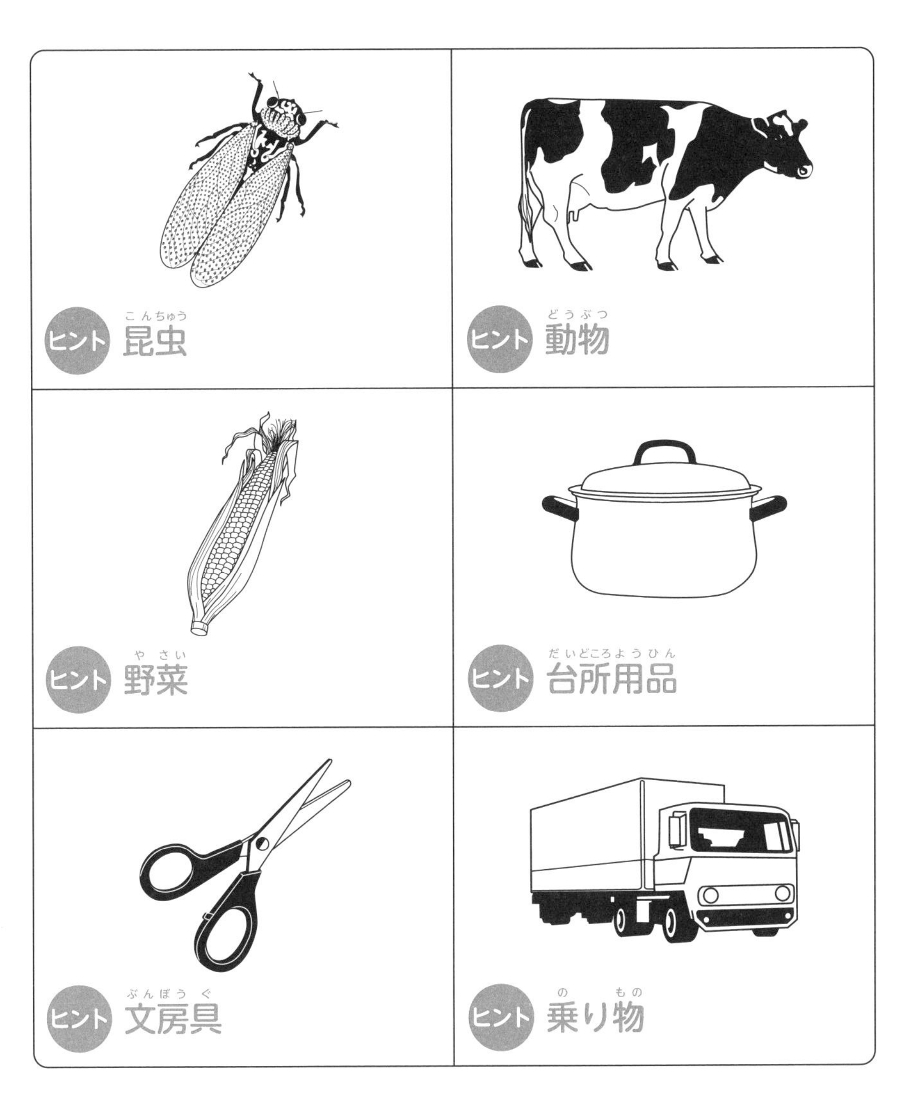

覚えたかどうか確認するために、前のページには戻らないでください。

手がかり再生
イラストの記憶

ヒントを手がかりにすべての絵を覚えてください。

覚えたかどうか確認するために、前のページには戻らないでください。

問題用紙1
介入課題

これから、たくさん数字が書かれた表が出ますので、私が指示をした数字に斜線を引いてもらいます。

例えば、「1と4」に斜線を引いてくださいと言ったときは、

4（斜線）	3	1（斜線）	4（斜線）	6	2	4（斜線）	7	3	9
8	6	3	1（斜線）	8	9	5	6	4（斜線）	3

と例示のように順番に、見つけただけ斜線を引いてください。

読み終えたら、次のページに進んでください。➡

練習問題
2日目

回答用紙 1
介入課題

回答時間：30秒×2回

まず7と5に斜線を引いてください。
引き終えたら、同じ用紙の3と6と0に斜線を引いてください。

→

4	3	1	6	7	8	0	9	2	5
7	6	3	9	1	8	2	4	5	0
6	8	0	2	4	3	7	5	1	9
8	3	5	6	1	7	3	1	9	0
1	9	3	7	2	3	4	8	0	5
8	7	5	6	4	0	3	2	1	9
2	6	5	9	6	8	4	7	1	3
4	1	8	2	4	6	7	1	3	9
3	9	1	8	2	4	7	5	0	6
2	8	6	0	1	5	9	4	7	3

引き終えたら、次のページに進んでください。➡

練習問題 2日目

問題用紙2
自由回答

少し前に、何枚かの絵をお見せしました。

何が描かれていたのかを思い出して、できるだけ全部書いてください。

- 前のページに戻って絵を見ないようにしてください。
- 回答の順番は問いません。
- 回答は漢字でも、ひらがなでも、カタカナでもかまいません。
- 間違えた場合は、二重線を引いて訂正してください。

読み終えたら、次のページに進んでください。➡

練習問題
2日目

回答用紙2
自由回答

回答時間：3分30秒

1.	9.
2.	10.
3.	11.
4.	12.
5.	13.
6.	14.
7.	15.
8.	16.

書き終えたら、次のページに進んでください。➡

練習問題 2日目

問題用紙3 手がかり回答

今度は、回答用紙にヒントが書いてあります。

それを手がかりに、もう一度、何が描かれていたのかを思い出して、できるだけ全部書いてください。

回答は1つだけです。2つ以上書かないでください。
・回答は漢字でも、ひらがなでも、カタカナでもかまいません。
・間違えた場合は、二重線を引いて訂正してください。

練習問題
2日目

回答用紙3

手がかり回答

回答時間：3分30秒

1. 戦(たたか)いの武器(ぶき)
2. 楽器(がっき)
3. 体(からだ)の一部(いちぶ)
4. 電気製品(でんきせいひん)
5. 昆虫(こんちゅう)
6. 動物(どうぶつ)
7. 野菜(やさい)
8. 台所用品(だいどころようひん)
9. 文房具(ぶんぼうぐ)
10. 乗(の)り物(もの)
11. 果物(くだもの)
12. 衣類(いるい)
13. 鳥(とり)
14. 花(はな)
15. 大工道具(だいくどうぐ)
16. 家具(かぐ)

書き終えたら、次のページに進んでください。➡

練習問題 2日目

回答用紙4
時間の見当識

回答時間：3分

何年の回答は、西暦でも和暦でもかまいません。和暦とは元号を使った言い方です。「何年」は「なにどし」ではないので、干支で答えないでください。

以下の質問にお答えください。

質問	回答
今年は何年ですか？	年
今月は何月ですか？	月
今日は何日ですか？	日
今日は何曜日ですか？	曜日
今は何時何分ですか？	時　分

書き終えたら、次のページに進んでください。➡

2日目の回答と解説

２日目の練習問題の答え合わせをしましょう。そのあと、採点結果によって判定をします。

時間の見当識

最大15点

問題	正解した場合の点数
年	5点
月	4点
日	3点
曜日	2点
時間	1点

あなたの得点

点

解説

この問題は検査した年月日と曜日、検査を開始した時刻の前後30分以内の時間が書かれていれば正解となります。「年・月・日・曜日・時間」をそれぞれ採点して、合計得点を出します。

今日の「年」「月」「日」「曜日」をカレンダーで確認して採点しましょう！

今年は何年ですか？　➡

- 西暦でも和暦でもどちらでもかまいません。和暦の場合、検査時の元号以外の元号を用いた場合、不正解になります。

今月は何月ですか？　➡
今日は何日ですか？　➡
今日は何曜日ですか？　➡

- 回答が空欄の場合は、不正解となります。

手がかり再生

最大32点

	ヒント	正解	自由回答	手がかり回答	得点
1	戦いの武器	機関銃			
2	楽器	琴			
3	体の一部	親指			
4	電気製品	電子レンジ			
5	昆虫	セミ			
6	動物	牛			
7	野菜	トウモロコシ			
8	台所用品	ナベ			
9	文房具	ハサミ			
10	乗り物	トラック			

	ヒント	正解	自由回答	手がかり回答	得点
11	果物	メロン			
12	衣類	ドレス			
13	鳥	クジャク			
14	花	チューリップ			
15	大工道具	ドライバー			
16	家具	椅子			

あなたの総得点　　　　点

・自由回答のみ正解の場合：1問正解で2点
・手がかり回答のみ正解の場合：1問正解で1点
・自由回答、手がかり回答のどちらも正解の場合：2点
・ヒントに回答が対応していない場合でも、正しい単語が書かれていれば正解です。

練習問題 2日目

2日目の総合点を出して、判定をしてみよう

2つの問題の答え合わせと採点が終わったら、2つの問題の点数を下記のように計算して総合点を出します。この総合点の結果で、「認知機能」が2段階に判定されます。

① 手がかり再生：

あなたの得点　　点 × 2.499 ➡ 　　点

② 時間の見当識：

あなたの得点　　点 × 1.336 ➡ 　　点

総合点　　点

※小数点以下は切り捨ててください

判定結果

総合点が36点未満 ➡ 認知症のおそれあり

総合点が36点以上 ➡ 認知症のおそれなし

メモ（ご自由にお使いください）

第6章

ボケ防止に役立つ10の生活習慣

ボケ防止に役立つ 10の生活習慣

歳をとるに従って脳の機能が低下していくのは避けられないことですが、予防を意識するのとしないのとでは、その速度は大きく違ってきます。ここでは日々意識すべき10の習慣をお教えしましょう。

❶ 右脳を活性化させるイメージトレーニングをしましょう

❷ 神経衰弱トレーニングで短期記憶を向上させましょう

❸ コインローラー・トレーニングで
指先の運動を習慣化しましょう

❹ 左半身を日常生活の中で積極的に使いましょう

❺ リラックス腹式呼吸で日々の緊張をほぐしましょう

❻ 声を出して雑誌や新聞を読む習慣を身に付けましょう

❼ スーパーやコンビニで暗算トレーニングを行いましょう

❽ 少しきつめのウォーキングを実践しましょう

❾ 就寝前に日誌を書く習慣を身に付けましょう

❿ 本を立って読む習慣を取り入れましょう

❶右脳を活性化させるイメージトレーニングをしましょう

右脳を活性化させる習慣を身に付けることにより脳は若返ります。目を閉じて脳裏に画像を描きましょう。視覚だけでなく他の感覚器官も動員すればイメージはよりリアルになります。例えば鳥をイメージするときには聴覚を連動させて鳥の鳴き声を視覚イメージに加えるのです。あるいは、あなたの大好きなカレーライスをイメージしたかったら、嗅覚と味覚の感覚イメージを働かせて、カレーの匂いと味をイメージの中に取り込んでください。

❷ 神経衰弱トレーニングで短期記憶を向上させましょう

トランプを使った神経衰弱ゲームは高齢者の方々において機能低下が目立つ短期記憶を鍛えてくれます。まず52枚のトランプを1対ずつ26組に分けます。最初絵柄が付いた表側を向けておき、数秒間注視したあと1枚ずつ裏返しにしていきます。その後1枚ずつ同じ数字のカードを表向けにしていきます。まずシャッフルした2組4枚からスタートさせ、それが間違わずにできたら3組6枚、それができたら4組8枚と枚数を増やしていきます。1組でも間違ったら、間違えなかった枚数があなたの現在の脳のレベルなのです。

❸コインローラー・トレーニングで指先の運動を習慣化しましょう

運動を制御している脳の領域で最も大きな部分を占めるのが指先の運動を制御している領域です。つまり、高度な指先の運動を習慣化すれば、脳の活性化に大きく貢献してくれるのです。このトレーニングはコインを使います。500円玉を親指と人指し指の間にはさみ、親指から小指のほうに順番に指の間を移動させていきましょう。薬指と小指の間までコインを移動できたら、今度は移動させた経路と逆向きに、小指から親指まで移動させてください。

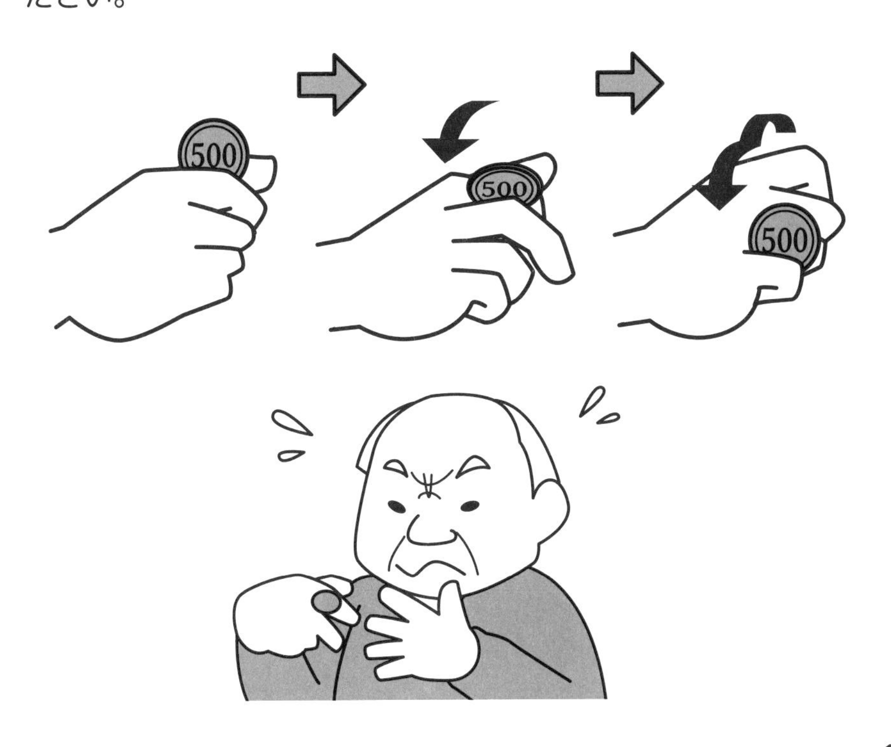

❹左半身を日常生活の中で積極的に使いましょう

脳と身体は交差しています。つまり、左半身は右脳が、そして右半身は左脳が制御しているのです。だから、右利きの人は、ともすれば左半身を使うことが疎かになり、右脳への刺激が不足しています。歯を磨いたり、クシを使ったり、箸を持ったりする作業を、ときどき左手を使ってやってみましょう。最初はとても不自由に感じるかもしれませんが、次第にうまくできるようになるはずです。そのぎこちなさを快感にしてこの作業を日常生活の中で積極的に行ってください。

⑤リラックス腹式呼吸で日々の緊張をほぐしましょう

腹式呼吸が心身をリラックスさせてくれます。まず、静かな部屋を選んでイスに腰かけ、肩の力を抜いて静かに目を閉じましょう。お腹にどちらか一方の手を当てて、その手を意識しながら頭の中で「1・2・3・4」と数えながら鼻から吸い込みましょう。お腹いっぱいに息を吸い込んだら、今度は2倍の時間をかけて「1・2・・・7・8」と頭の中で数えながら口から息を吐き出しましょう。4秒かけて息を吸い、8秒かけて息を吐く。この12秒のペースによる腹式呼吸がリラックスを約束してくれるのです。

❻声を出して雑誌や新聞を読む習慣を身に付けましょう

新聞や雑誌を読むときにただ視覚を通して読むだけの黙読ではなく、声を出して目、口、耳を動員して行う音読を実行しましょう。そうすることにより脳が何倍も活性化してくれます。毎日朝晩2回、それぞれ10分間の時間を確保して一人きりになれる自分の書斎などで音読する習慣を身に付けましょう。積極的に声を出して読む音読を行うことにより、脳の活性化が促進されるだけでなく、記憶力も高まるのです。

⑦スーパーやコンビニで暗算トレーニングを行いましょう

高齢者の方々にお勧めしたい脳活性トレーニングは暗算トレーニングです。スーパーやコンビニの買物のついでにぜひ行ってください。まず買物の予算額を決めましょう。制限時間は10分間。店に入ってカゴに商品を入れながら価格を暗算により足し算していきましょう。そして全部の商品を買い終えたらレジに行ってお勘定をしてもらいましょう。できるだけ目標金額に近付けることが目標になります。予算額をオーバーしてはいけません。予算額との誤差を必ずメモしておきましょう。

❽ 少しきつめのウォーキングを実践しましょう

アメリカ・スタンフォード大学メディカルセンターの70〜84歳を被験者にした調査で、よく歩く人は歩かない人よりも死亡率が49%低くなる事実が判明しています。"よく歩く人"とは、1週間に9マイル（約14.5キロ）以上歩く人です。つまり、毎週2時間半歩けばよいことになります。分速100mを目安に、少しきつめのペースにすることで運動効果は高まります。週5日のペースで1日30分歩く習慣を身に付けるだけで、あなたは驚くほど簡単に健康を手に入れることができるのです。

❾就寝前に日誌を書く習慣を身に付けましょう

エピソード記憶を鍛えることにより脳は若返ります。就寝前の10分間を活用して「出来事日誌」を付ける習慣を身に付けましょう。近くのショッピングセンターに買物に出かけたら、何を買ったか、その値段はいくらだったかを記しましょう。散歩をしたらどこを歩いたかを思い出しながら、その情景をできるだけ具体的に記しましょう。もちろん、その日体験した楽しかったことや感動したことも忘れないで記しておきましょう。日誌を書く習慣があなたの脳を活性化させて健康寿命を延ばしてくれるのです。

⑩ 本を立って読む習慣を取り入れましょう

高齢者の方はどうしても座る時間が長くなります。オーストラリア・シドニー大学の調査では、1日に座っている時間の合計が11時間以上の人はそうでない人よりも3年以内に死亡する確率が40%も高かったのです。私は立って読書することをお勧めしています。座って読むと居眠りしやすいのです。しかし立って読めばそんなことはありません。つまり、立って読むほうが座って読むよりも脳の活性が促進され、理解力も高まるのです。もちろん、座って読む作業と併用することにより、立って読む作業は習慣化されるのです。

【著者プロフィール】

児玉 光雄（こだま みつお）

1947年、兵庫県生まれ。追手門学院大学特別顧問。前鹿屋体育大学教授。専門は臨床スポーツ心理学、体育方法学。能力開発にも造詣が深く、数多くの脳トレ本を執筆するだけでなく、受験雑誌やビジネス誌に能力開発に関するコラムを執筆。これらのテーマで、大手上場企業を中心に年間70～80回のペースで講演活動を行っている。著書は『もの忘れ、ボケを防ぐ 脳いきいきドリル』（秀和システム）など200冊以上にのぼる。

【イラスト】

よしだ かおり

【イラスト（第4章）】箭内 祐士

【校正・校閲】小宮 紳一

参考WEB

- 警察庁「認知機能検査について」
  https://www.npa.go.jp/policies/application/license_renewal/ninchi.html

●注意

(1) 本書は著者が独自に調査した結果を出版したものです。

(2) 本書は内容について万全を期して作成いたしましたが、万一、ご不審な点や誤り、記載漏れなどお気付きの点がありましたら、出版元まで書面にてご連絡ください。

(3) 本書の内容に関して運用した結果の影響については、上記(2)項にかかわらず責任を負いかねます。あらかじめご了承ください。

(4) 本書の全部または一部について、出版元から文書による承諾を得ずに複製することは禁じられています。

(5) 本書に記載されているホームページのアドレスなどは、予告なく変更されることがあります。

(6) 商標

本書に記載されている会社名、商品名などは一般に各社の商標または登録商標です。

本書の情報は2024年1月15日時点のものです。
最新の情報は、警視庁WEBや最寄りの警察署などでご確認ください。

絶対合格！
運転免許認知機能検査対策
「運転脳」活性化ドリル

発行日　2024年 2月20日　第1版第1刷

著　者　児玉　光雄

発行者　斉藤　和邦
発行所　株式会社　秀和システム
〒135-0016
東京都江東区東陽2-4-2　新宮ビル2F
Tel 03-6264-3105 (販売) Fax 03-6264-3094
印刷所　三松堂印刷株式会社　Printed in Japan

ISBN978-4-7980-7153-4 C0065

定価はカバーに表示してあります。
乱丁本・落丁本はお取りかえいたします。
本書に関するご質問については、ご質問の内容と住所、氏名、電話番号を明記のうえ、当社編集部宛FAXまたは書面にてお送りください。お電話によるご質問は受け付けておりませんのであらかじめご了承ください。